高等学校"十二五"规划教材

电工电子技术实验教程

陈海洋　厉　谨　编

西北工业大学出版社

【内容简介】 本书的实验内容丰富,通过常规基础实验的训练,学生应掌握基本实验理论、基本实验方法、基本实验技能。本书在基本实验的基础上增加了综合性、设计性实验的内容,旨在提高学生对电工电子知识的综合应用能力。书中所有实验电路均经过多年教学实践和学生实验验证。

本书共分 7 章,第 1 章为实验须知,包括实验注意事项、实验报告要求;第 2 章为电路原理实验;第 3 章为电动机及电气自动控制实验;第 4 章为模拟电子技术实验;第 5 章为数字电子技术实验;第 6 章介绍实验设备及仪器,包括函数信号发生器、数字示波器、数字万用表等常用仪器的使用及 TKDG—2 高级电工技术实验装置的使用说明;第 7 章为电子小制作。

本书可作为高等院校非电类专业学生的实验教材,也可作为电类专业教学及电子工程技术人员的参考书。

图书在版编目(CIP)数据

电工电子技术实验教程/陈海洋,厉谨编 . —西安:西北工业大学出版社,2013.8
ISBN 978 - 7 - 5612 - 3750 - 2

Ⅰ.①电… Ⅱ.①陈… ②厉… Ⅲ.①电工技术—实验—高等学校—教材 ②电子技术—实验—高等学校—教材 Ⅳ.①TM - 33②TN - 33

中国版本图书馆 CIP 数据核字(2013)第 195138 号

出版发行:西北工业大学出版社
通信地址:西安市友谊西路 127 号　　邮编:710072
电　　话:(029)88493844　88491757
网　　址:www.nwpup.com
印 刷 者:陕西向阳印务有限公司
开　　本:787 mm×1 092 mm　　1/16
印　　张:10.875
字　　数:261 千字
版　　次:2013 年 8 月第 1 版　　2013 年 8 月第 1 次印刷
定　　价:22.00 元

前　言

　　为了适应 21 世纪社会发展的需要,培养应用型工程技术人才,提高电工电子实验教学水平,需加强学生在电工电子实践技能上的培养。电工电子学实验教学不仅能帮助学生巩固和加深理解所学的知识,更重要的是可以训练学生的实践技能和对新技术的掌握。本书是根据国家教育部最新修订的高等工业学校电工电子技术课程的基本要求,认真总结电工学实验教学改革的经验,经过集体讨论,并由教学经验丰富的教师编写而成的。电工学实验课作为非电类工科学生基本训练的一个重要环节,通过实验技能的训练,能够使学生在电工电子仪器、仪表、实验装置、电路的组成、测试方法、数据处理和撰写实验报告等方面得到全面、系统的训练。

　　本书内容主要包括电路实验、电动机及电气自动控制实验、模拟电子技术实验、数字电子技术实验、实验设备及仪器介绍和电子小制作等。本书以注重培养学生基本技能为宗旨,在实验目的、实验内容的安排和仪器使用上,对学生能力的培养方面提出了明确的要求,并在基本实验的基础上增加了综合性、设计性实验的内容。

　　书中的电气图用图形符号全部采用国家标准局颁布的国家标准 GB4728《电气图用图形符号》中规定的电气图用图形符号。

　　本书由西安工程大学陈海洋和厉谨编写,并负责统稿及定稿。陈海洋编写了第 1～5 章;厉谨编写了第 6～7 章。

　　在本书编写的过程中,贺小莉、康科锋、王艳、刘钟燕、马丽萍提供了宝贵的建设性意见,徐健、王晓华对本书进行了审定,在此表示衷心的感谢!

　　由于水平有限,书中有些内容难免需要进一步完善,若有疏漏之处,希望使用本书的教师、学生提出批评和改进意见,以便今后修订完善。

编　者

2013 年 6 月

前　言

目　　录

第1章 实验须知

1.1 实验要求

一、实验的安全

(1)注意人身安全,严禁带电操作。接线时应最后连接电源线,以确保人身安全。

(2)爱护国家财产,严格按实验线路接线,正确使用仪器。对尚未了解其使用方法的仪器设备,不允许进行操作。

(3)在接线完毕后,应先由同组的同学相互检查,然后经教师检查合格后,方可接通电源进行实验。

(4)在实验过程中,应始终注意仪表、仪器等设备是否正常工作,如有意外,应立即切断电源并保留现场,在教师指导下检查原因。

(5)在实验完毕后,应将导线、仪器、设备整理好,再离开实验室。

(6)实验室内物品未经允许不准带出室外。

(7)实验室内严禁吸烟、喧哗和随地吐痰。

二、实验前的预习

(1)每次实验前必须仔细阅读实验指导书,明确实验目的、内容、原理方法和步骤。

(2)用实验报告专用纸编写预习报告。

预习报告应完成以下内容:实验目的、实验线路、实验方法和简明扼要的操作步骤、记录数据的表格和规定预习时需要计算的内容。

(3)在进入实验室后,应先将预习报告交给教师审阅,无预习报告者不得进行实验。

三、实验操作

做实验时,应注意以下几点:

1.接线

(1)检查仪器设备的配备与完好情况。

(2)接线前,应按照读数方便,接线简单、交叉少,操作安全的原则,把仪器设备摆放在恰当位置。

(3)接线时,按电路原理一个回路一个回路地依次连接每个电气元件或设备,可先接串联支路,后接并联支路。接线长度应适当,每个接线柱上线头不宜过多。

2.仪表

(1)当使用仪表时,要轻拿、轻放。

（2）使用仪表前，应调零点。

（3）电流表一般不直接串接在线路中，而要用电流插座代替它。电流表则接在电流插座插头的引线上，测量时将插头插入插座，不用时便抽出。电压表一般也不直接并接于线路中，而用测试笔并联在被测电压的电路两端，这样不仅保护仪表不受意外损害，而且还可以提高仪表的利用率。

（4）当使用仪表时，要注意选择合适的类型和量程。

（5）读数时要眼睛垂直对着仪表面板（对有反射镜的仪表，应让指针与影像重合），要弄清楚每一小格刻度所代表的数值，要注意有效数字的位数和基本误差。

3．数据的观测和记录

（1）通电后不要急于记录数据，应先观察仪器是否正常工作，如果没有问题，再按规定步骤进行实验观测。

（2）当同一实验步骤中有几个仪表时，应尽量做到同时读数。

（3）数据应记录在预习时准备好的表格中，并随时校核数据的合理性，当实验数据偏离预习估值时，应重新测量。

（4）所测数据经教师审阅后，再切断电源，进行拆线。

1.2　实验报告书写形式

一、实验目的

二、实验预习报告

（1）实验线路图设计、实验数据记录表设计。

（2）实验步骤简记。

三、实验数据记录

四、实验数据处理

五、结论

六、习题解答

七、疑难问题申报

实验报告的书写要求：字迹工整，画图规范并符合国标的规定。

第2章 电路原理实验

2.1 实际电压源与实际电流源的等效变换

一、实验目的

(1)掌握电源外特性的测试方法。

(2)验证实际电压源与实际电流源等效变换的条件。

二、预习要求

(1)复习两种实际电源等效的概念及等效的条件。

(2)思考理想电压源与理想电流源能否等效。

(3)认真阅读实验内容,思考提出的问题。

三、实验原理

(1) 一个直流稳压电源在一定的电流范围内,具有很小的内阻。因此,在实际应用中常将它视为一个理想的电压源,即其输出电压不随负载电流变化而改变。其外特性曲线,即伏安特性曲线 $U = f(I)$ 是一条平行于 I 轴的直线。

一个恒流源在一定的电压范围内,具有很大的内阻。故在实际应用中,常将它视为一个理想的电流源,即其输出电流不随负载电压变化而改变。其外特性曲线,即伏安特性曲线 $U = f(I)$ 是一条平行于 U 轴的直线。

(2) 一个实际的电压源(或电流源),其端电压(或输出电流)不可能不随负载而变,因为它具有一定的内阻值。故在实验中,用一个小阻值的电阻(或大电阻)与稳压源(或恒流源)串联(或并联)来模拟一个实际的电压源(或电流源)。

(3) 一个实际的电源,就其外部特性而言,既可以看作是一个电压源,又可以看作是一个电流源。若视为电压源,则可用一个理想的电压源 U_s 与一个电阻 R_0 相串联的组合来表示;若视为电流源,则可用一个理想电流源 I_s 与一电导 G_0 相并联的组合来表示。如果这两种电源能向同样大小的负载供出同样大小的电流和端电压,则称这两个电源是等效的,即具有相同的外特性。

一个电压源与一个电流源等效变换的条件为 $I_s = \dfrac{U_s}{R_0}$,$G_0 = \dfrac{1}{R_0}$,或 $U_s = I_s R_0$,$R_0 = \dfrac{1}{G_0}$。如图 2.1.1 所示为实际电压源与实际电流源的等效变换。

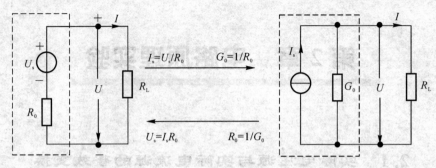

图 2.1.1　实际电压源与实际电流源的等效变换

四、实验仪器及材料

实验仪器及材料如表 2.1.1 所示。

表 2.1.1　实验仪器及材料

序　号	名　　称	型号与规格	数　　量	备　注
1	可调直流稳压电源	0 ～ 30V	1	实验屏 B 区
2	可调直流恒流源	0 ～ 500mA	1	实验屏 B 区
3	直流数字电压表	0 ～ 300V	1	实验屏 D 区
4	直流数字毫安级电流表	0 ～ 2 000mA	1	实验屏 D 区
5	万用表		1	自备
6	元件箱			TKDG—05

五、实验电路及内容

1. 测定电压源的外特性

(1) 按图 2.1.2 所示接线。U_s 为 +6V 直流稳压电源,视为理想电压源。调节 R_2,令其阻值由大至小变化(从 470 ～ 0Ω),把两表的读数记录在表 2.1.2 中。

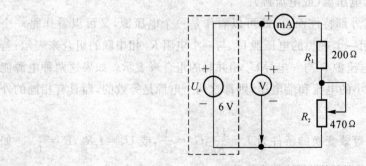

图 2.1.2　理想电压源的外特性

表 2.1.2　实验数据记录表

U/V						
I/mA						

（2）按图 2.1.3 所示接线，虚线框可模拟为一个实际的电压源。调节 R_2（从 $470 \sim 0\,\Omega$），读两表的读数并记录在表 2.1.3 中。

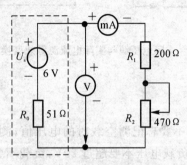

图 2.1.3　实际电压源的外特性

表 2.1.3　实际电压源的外特性实验数据记录表

U/V						
I/mA						

2. 测定电流源的外特性

按图 2.1.4 所示接线，I_s 为直流恒流源，视为理想电流源。调节其输出为 $10\,\text{mA}$，令 R_0 分别为 $1\,\text{k}\Omega$ 和 ∞（即接入和断开），调节电位器 R_L（从 $0 \sim 470\,\Omega$），测出这两种情况下的电压表和电流表的读数。自拟数据表格，记录实验数据。

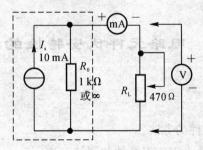

图 2.1.4　测定电流源的外特性

3. 测定电源等效变换的条件

先按图 2.1.5（a）所示线路接线，记录线路中两表的读数。然后按图 2.1.5（b）所示接线，调节线路中恒流源的输出电流 I_s，使两表的读数与图 2.1.5（a）所示的数值相等，记录 I_s 之值，验证等效变换条件的正确性。

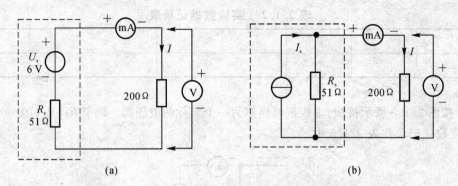

图 2.1.5   实际电压源与实际电流源等效变换的外特性

六、实验注意事项

(1) 在测电压源外特性时,不要忘记测空载时的电压值;测电流源外特性时,不要忘记测短路时的电流值。注意恒流源负载电压不要超过 20V,负载不要开路。

(2) 换接线路时,必须切断电源开关。

(3) 直流仪表的接入应注意极性与量程。

七、实验报告

(1) 根据实验数据绘出电源的四条外特性曲线,并总结、归纳各类电源的特性。

(2) 根据实验结果验证电源等效变换的条件。

八、思考题

(1) 通常直流稳压电源的输出端不允许短路,直流恒流源的输出端不允许开路,为什么?

(2) 电压源与电流源的外特性为什么呈下降变化趋势,稳压源和恒流源的输出在任何负载下是否保持恒值?

2.2   电路元件伏安特性的测绘

一、实验目的

(1) 学习使用一般电路元件的方法。

(2) 掌握线性电阻、非线性电阻伏安特性的测试方法。

(3) 掌握直流电路设备和测量仪表的使用方法。

二、预习要求

(1) 了解不同元件具有不同的伏安特性。

(2) 预习直流稳压电源、直流电压表、直流电流表的使用方法,重点预习直流电流表的串联使用方法。

三、实验原理

任何一个二端电路元件的特性都可通过该元件上的电压 U 与流过该元件的电流 I 之间的函数关系 $I = f(U)$ 来表示,即用 I - U 平面上的一条曲线来表示,这条曲线称为该元件的伏安特性曲线。

(1) 线性电阻的伏安特性曲线是一条通过坐标原点 (0,0) 的倾斜直线,如图 2.2.1 中 a 直线所示,该直线斜率的倒数等于该电阻的电阻值。电阻值与电压、电流的大小及方向无关。线性电阻元件具有双向性。

(2) 白炽灯的伏安特性如图 2.2.1 中 b 曲线所示。白炽灯在正常工作时,灯丝处于高温状态,其灯丝电阻随着温度的升高而增大,通过它的电流越大,其温度越高,阻值也越大。白炽灯的"冷电阻"和"热电阻"的阻值可相差几倍至十几倍。白炽灯的伏安特性对称于原点,因而具有双向性。

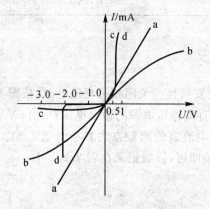

图 2.2.1　元件的伏安特性曲线

(3) 半导体二极管是一个非线性电阻元件,其伏安特性如图 2.2.1 中 c 曲线所示。其特性曲线关于原点是不对称的,因而具有明显的方向性。当正向压降很小(一般的锗管约为 $0.2 \sim 0.3V$,硅管约为 $0.5 \sim 0.75V$)时,正向电流也很小,超过此值正向电流随正向压降的升高而急骤上升;而反向电压从零一直增加到十几至几十伏时,其反向电流增加很小,可粗略地视为零。可见,二极管具有单向导电性,当反向电压加得过高,超过二极管的极限值,则会导致二极管击穿、损坏。

(4) 稳压二极管是一种特殊的半导体二极管,如图 2.2.1 中 d 曲线所示,其正向特性与普通二极管类似,但其反向特性较特别,在反向电压开始增加时,其反向电流几乎为零,但当反向电压增加到某一数值时(称该管的稳压值),电流将突然增加,随后它的端电压将维持恒定,不再随外加反向电压的升高而增大。

四、实验仪器及材料

实验仪器及材料如表 2.2.1 所示。

表 2.2.1　实验仪器及材料

序　号	名　　称	型号与规格	数　量	备　注
1	可调直流稳压电源	0～30V	1	实验屏 B 区
2	直流数字毫安级电流表	0～500mA	1	实验屏 D 区
3	直流数字电压表	0～300V	1	实验屏 D 区
4	二极管	IN4007	1	TKDG—05
5	稳压管	2CW51	1	TKDG—05
6	白炽灯泡	12V	1	TKDG—05
7	线性电阻器	200Ω,1kΩ	各 1	TKDG—05

五、实验电路及内容

（1）测定线性电阻器的伏安特性。关闭相关直流电源,按图 2.2.2 所示接线,经检查无误后,根据表 2.2.2 的要求调节直流稳压电源的输出电压 U,由 0V 开始缓慢地增加一直到 10V,记下负载相应电流表的读数(电流表的测量方法参考图 2.2.3)。注意做反向特性实验时,只要将图 2.2.2 所示的电源反接即可,读数记录在表 2.2.2 中。

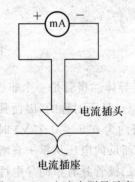

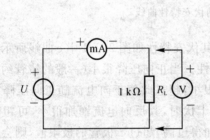

图 2.2.2　测定线性电阻器的伏安特性　　　图 2.2.3　电流表测量示意图

表 2.2.2　线性电阻器实验数据记录表

正向 U/V	0	2	4	6	8	10
正向 I/mA						
反向 $-U/V$	0	-2	-4	-6	-8	-10
反向 $-I/mA$						

（2）测定非线性白炽灯泡的伏安特性。将图 2.2.2 所示的 R_L 换成一只 12V 的小灯泡,重复步骤(1)的实验内容,读数记录在表 2.2.3 中。

表 2.2.3 非线性白炽灯泡实验数据记录表

正向	U/V	0	0.3	0.6	0.9	1.2	1.5	1.8	2.0
	I/mA								
	U/V	3.0	4.0	5.0	6.0	7.0	8.0	9.0	10.0
	I/mA								
反向	$-U/V$	0	-0.3	-0.6	-0.9	-1.2	-1.5	-1.8	-2.0
	$-I/mA$								
	$-U/V$	-3.0	-4.0	-5.0	-6.0	-7.0	-8.0	-9.0	-10.0
	$-I/mA$								

(3) 测定半导体二极管的伏安特性。按电路图 2.2.4 所示接线,R 为限流电阻,测二极管 D 的正向特性时,正向压降可在 $0 \sim 0.75V$ 之间取值。特别是在 $0.5 \sim 0.75V$ 之间更应多取几个测量点,测量正向电流到 $25mA$,读数记录在表 2.2.4 中;做反向特性实验时,只要将图 2.2.4 中的二极管 D 反接,将其反向电压逐步加到 $30V$ 左右,读数记在表 2.2.5 中。

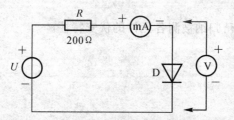

图 2.2.4 测定半导体二极管的伏安特性

表 2.2.4 半导体二极管正向特性实验数据记录表

U/V	0	0.2	0.4	0.5	0.55	0.58	0.60	0.62	0.64	0.66	0.68	0.70	0.72	···
I/mA														< 25

表 2.2.5 半导体二极管反向特性实验数据记录表

$-U/V$	0	-5	-10	-15	-20	-25	-30
$-I/mA$							

(4) 测量稳压二极管的伏安特性。只需将图 2.2.4 所示中的二极管换成稳压二极管,重复步骤(3)的实验内容,读数分别记录在表 2.2.6 和表 2.2.7 中。

表 2.2.6 稳压二极管正向特性实验数据记录表

U/V	0	0.2	0.4	0.5	0.55	0.58	0.60	0.62	0.64	0.66	0.68	0.70	0.72	···
I/mA														< 25

表 2.2.7 稳压二极管反向特性实验数据记录表

反向－U/V	0	－5	－10	－15	－20	－25	······
反向－I/mA							$\lvert I \rvert < 20$

六、实验注意事项

(1) 直流稳压电源在实验过程中不得短路。

(2) 做不同实验前,先估算电压值和电流值,选择合适的仪表量程,勿使仪表超量程,仪表的极性亦不可接错。

(3) 当测二极管正向特性时,稳压电源输出应由最小值开始逐渐增加,注意电流表读数不得超过 25mA。测稳压二极管反向特性时,注意电流表读数不得超过 20mA。

七、实验报告

(1) 根据各实验的测量数据,分别在坐标纸上绘制出光滑的伏安特性曲线。所有电路元件的正、反向特性均要求画在同一个坐标平面内(其中二极管和稳压管的正、反向电压可取不同的比例尺)。

(2) 根据实验结果,自己归纳被测各元件的伏安特性。

(3) 必要的误差分析。

(4) 实验思考及其他。

八、思考题

(1) 线性电阻与非线性电阻的有何区别? 电阻器与二极管的伏安特性有何区别?

(2) 设某元件伏安特性曲线的函数式为 $I = f(U)$,试问在逐点绘制曲线时,其坐标变量应如何放置?

(3) 稳压二极管与普通二极管的伏安特性有何区别,各自的用途是什么?

2.3　叠加原理的验证

一、实验目的

验证叠加原理的正确性,加深对线性电路的叠加性和齐次性的认识和理解。

二、预习要求

(1) 叠加定理的内容及其适用条件。

(2) 根据实验原理,由给定的电路参数及参考方向计算图 2.3.1 中两个电源共同作用和单独作用时各支路电流及电压的值。

三、实验原理

叠加原理:在线性电路中,当多个独立源共同作用时,电路某处的电压或电流等于各独立源单独作用时在该处产生的电压或电流的线性叠加(即代数和)。所谓独立源单独作用是指除该独立源之外的其他独立源均置零(理想电压源短路,理想电流源开路),但实际电源的内阻应保留在电路中。线性电路的齐次性是指当所有激励信号(电压源和电流源)都同时增大或缩小 K 倍时,电路的响应(电路中其他各电阻元件上所建立的电压值和电流值)也将同样增大或缩小 K 倍。

四、实验仪器及材料

实验仪器及材料如表 2.3.1 所示。

表 2.3.1　实验仪器及材料

序　号	名　　称	型号与规格	数　量	备　注
1	可调直流稳压电源	$0 \sim 30\text{V}$	双路	实验屏 B 区
2	直流数字电压表	$0 \sim 300\text{V}$	1	实验屏 D 区
3	直流数字毫安级电流表	$0 \sim 2\,000\,\text{mA}$	1	实验屏 D 区
4	叠加原理实验线路板		1	TKDG—03

五、实验电路及内容

实验电路如图 2.3.1 所示。

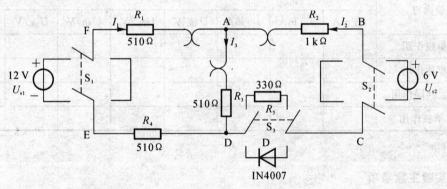

图 2.3.1　实验电路图

实验步骤:

(1) 按图 2.3.1 所示电路接线,将 U_{s1} 的输出电压调节为 12V,将 U_{s2} 的输出电压调节为 6V,开关 S_3 投向 $R_5 = 330\Omega$。

(2) 将开关 S_1 投向 U_{s1},开关 S_2 投向短路时(即令 U_{s1} 电源单独作用),用直流数字电压表和直流数字毫安级电流表(接入电流插头)分别测量各个电阻元件两端电压及各支路电流,把测量数据记录在表 2.3.2 中。(注意此时 F 点为 U_{s1} 电源的正极;E 点为 U_{s1} 电源的负极,B,C 点随开关 S_2 移至左边导线上)。

表 2.3.2　线性电路实验数据记录表

实验内容	测量项							
	I_1/mA	I_2/mA	I_3/mA	U_{AB}/V	U_{CD}/V	U_{AD}/V	U_{DE}/V	U_{FA}/V
U_{s1} 单独作用								
U_{s2} 单独作用								
U_{s1},U_{s2} 共同作用								
$2U_{s2}$ 单独作用								

(3) 将开关 S_1 投向短路,开关 S_2 投向 U_{s2} 时(即令 U_{s2} 电源单独作用),重复实验步骤(2)中的测量和记录。(注意此时 B 点为 U_{s2} 电源的正极;C 点为 U_{s2} 电源的负极,F,E 点随开关 S_1 移至右边导线上)。

(4) 开关 S_1 和 S_2 分别投向 U_{s1} 和 U_{s2} 时(令 U_{s1} 和 U_{s2} 共同作用),重复上述的测量和记录。

(5) 调节 U_{s2} 的数值至 $2U_{s2}$(+12V),重复步骤(3)中实验内容,并把测量数据记录在表 2.3.2 中。

(6) 将 R_5 换成二极管 IN4007(即将开关 S_3 投向二极管 D),重复(1)～(5)的测量过程,并将数据记入表 2.3.3 中。

表 2.3.3　非线性电路实验数据记录表

实验内容	测量项							
	I_1/mA	I_2/mA	I_3/mA	U_{AB}/V	U_{CD}/V	U_{AD}/V	U_{DE}/V	U_{FA}/V
U_{s1} 单独作用								
U_{s2} 单独作用								
U_{s1},U_{s2} 共同作用								
$2U_{s2}$ 单独作用								

六、实验主意事项

(1) 测量各支路电流时,应注意仪表的极性及数据中"+,一"号的记录。

(2) 注意及时更换仪表的量程。

七、实验报告

(1) 利用实验数据验证线性电路的叠加性与齐次性。

(2) 能否用叠加原理计算得出各电阻所消耗的功率? 对上述实验数据进行计算并作出结论。

(3) 分析实验步骤(6)及表格中的数据,能得出什么样的结论?

(4) 实验心得体会及其他。

八、思考题

(1) U_{s1}，U_{s2} 分别单独作用，是否可直接将不作用的电源（U_{s1} 或 U_{s2}）置零（短接）？

(2) 若在实验电路中将一个电阻改为二极管，试问叠加原理的叠加性与齐次性还成立吗？为什么？

2.4　戴维宁定理 —— 有源二端网络等效参数的测定

一、实验目的

(1) 验证戴维宁定理。

(2) 学习测量一般有源二端网络等效参数方法。

二、预习要求

(1) 复习戴维宁定理。

(2) 掌握测量等效参数的几种方法。

三、实验原理

(1) 任何一个线性有源二端网络，如果仅研究其中一条支路的电压和电流，则可将电路的其余部分看作是一个有源二端网络（或称为含源一端口网络）。

戴维宁定理：任何一个线性有源二端网络，总可以用一个等效电压源来代替，即可用由理想电压源 U_s 和电阻 R_0 串联的有源支路来等效替代，其理想电压源的源电压 U_s 等于线性有源二端网络的端口开路电压 U_{oc}，串联电阻 R_0 等于线性有源二端网络内所有独立源均置零（理想电压源视为短接，理想电流源视为开路）时端口两端钮间的等效电阻。U_{oc} 和 R_0 被称为有源二端网络的等效参数。

(2) 有源二端网络等效参数的测量方法。

1) 开路电压、短路电流法：在有源二端网络输出端开路时，用电压表直接测其输出端的开路电压 U_{oc}，然后再将其输出端短路，用电流表测其短路电流 I_{sc}，则内阻为

$$R_0 = \frac{U_{oc}}{I_{sc}}$$

2) 伏安法：用电压表、电流表测出有源二端网络的外特性如图 2.4.1 所示。

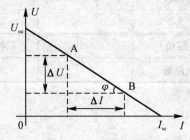

图 2.4.1　有源二端网络的外特性

根据外特性曲线求出斜率 $\tan\varphi$，则内阻为

$$R_0 = \tan\varphi = \frac{\Delta U}{\Delta I}$$

伏安法主要是测量开路电压及电流为额定值 I_n 时的输出端电压值 U_n，则内阻为

$$R_0 = \frac{U_{oc} - U_n}{I_n}$$

若二端网络的内阻值很低，则不宜测其短路电流。

3）半电压法：如图 2.4.2 所示，当负载电压等于被测网络开路电压的一半时，负载电阻（由电阻箱的读数确定）即为被测有源二端网络的等效内阻值。

4）零示法：在测量具有高内阻有源二端网络的开路电压时，用电压表进行直接测量会造成较大的误差。为了消除电压表内阻的影响，往往采用零示法测量，如图 2.4.3 所示。

零示法测量的原理是用一低内阻的稳压电源与被测有源二端网络进行比较，当稳压电源的输出电压与有源二端网络的开路电压相等时，电压表的读数将为"0"，然后将电路断开，测量此时稳压电源的输出电压，即为被测有源二端网络的开路电压。

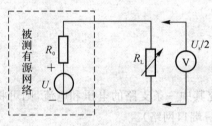
图 2.4.2　半电压法测试电路

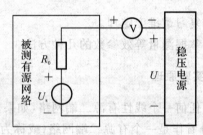
图 2.4.3　零示法测试电路

四、实验仪器及材料

实验仪器及材料如表 2.4.1 所示。

表 2.4.1　实验仪器及材料

序　号	名　　称	型号与规格	数　量	备　注
1	可调直流稳压电源	$0 \sim 30\text{V}$	1	实验屏 B 区
2	可调直流恒流源	$0 \sim 500\text{mA}$	1	实验屏 B 区
3	直流数字电压表	$0 \sim 300\text{V}$	1	实验屏 D 区
4	直流数字毫安级电流表	$0 \sim 2\,000\text{mA}$	1	实验屏 D 区
5	万用表		1	自备
6	元件箱（电位器、电阻箱）		各 1	TKDG—05
7	戴维宁定理实验线路板		1	TKDG—03

五、实验电路及内容

被测有源二端网络如图 2.4.4(a) 所示。

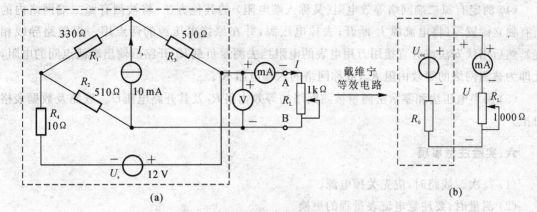

图 2.4.4　有源二端网络及等效电路外特性测量图

实验步骤：

(1) 用开路电压、短路电流法测定戴维宁等效电路的 U_{oc}，I_{sc}，并计算 R_0。

按图 2.4.4(a) 所示在电路中接入稳压电源 U_s(12V) 和恒流源 I_s(10mA)，负载 R_L 暂不接入电路中，使用直流电压表和直流电流表测量开路电压 U_{oc} 和短路电流 I_{sc} 的值，并计算 $R_0 = U_{oc}/I_{sc}$。把读数及计算值记录在表 2.4.2 中。

表 2.4.2　实验数据记录表

测量值		计算值
U_{oc}/V	I_{sc}/mA	R_0/Ω

(2) 将电位器 R_L 接入图 2.4.4(a) 中，改变 R_L 的阻值，测量有源二端网络的外特性。读数及计算值记录在表 2.4.3 中。

表 2.4.3　有源二端网络的外特性实验数据记录表

R_L/Ω	$0 \sim 1\,000\Omega$										
U/V	0	1	2	3	4	5	6	7	8	9	10
I/mA											

(3) 验证戴维宁定理。调节可调电阻的阻值，使之等于步骤(1)测得的等效电阻 R_0 的阻值，然后让其与直流稳压电源(调到等于步骤(1)所测得的开路电压 U_{oc} 之值)相串联，如图 2.4.4(b) 所示。仿照步骤(2)测其外特性，对戴维宁定理进行验证，读数记录在表 2.4.4 中。

表 2.4.4　等效电路的外特性实验数据记录表

R_L/Ω	$0 \sim 1\,000\Omega$										
U/V	0	1	2	3	4	5	6	7	8	9	10
I/mA											

(4) 测定有源二端网络等效电阻（又称入端电阻）的其他方法：将被测有源二端网络内的所有独立源置零（将电流源 I_s 断开；去掉电压源，并在原接电压源的两点用一根短路导线相连），然后用伏安法或者直接用万用电表的电阻挡去测量负载 R_L 开路后输出端两点间的电阻，此即为被测网络的等效内阻 R_0，或称网络的入端电阻 R_i。

(5) 用半电压法和零示法测量被测网络的等效内阻 R_0 及其开路电压 U_{oc}，线路及数据表格自拟。

六、实验注意事项

(1) 每次改线路时，应先关掉电源。

(2) 测量时，要注意电流表量程的更换。

(3) 在步骤(4)中，当电源置零时，注意不可将稳压源直接短接。

(4) 直接使用万用表测 R_0，网络内的独立源必须先置零，以免损坏万用表。应将万用表电阻挡调零后再进行测量。

七、实验报告

(1) 分别根据步骤(2)和(3)中的数据在同一坐标轴上分别用实线和虚线绘制有源二端网络和等效电路的外特性曲线，验证戴维宁定理的正确性，并分析产生误差的原因。

(2) 根据步骤(1)，(4)，(5)中各种方法测得的 U_{oc} 和 R_0，与预习时电路计算的结果作比较，得出结论，并分析产生误差的原因。

(3) 归纳、总结实验结果。

(4) 心得体会及其他。

八、思考题

(1) 在求戴维宁等效参数时，做短路实验测 I_{sc} 的条件是什么？在本实验中可否直接做负载短路实验？实验前，对图 2.4.4(a) 所示预先做好有关参数的计算，以便调整实验线路及测量时能准确地选取电表的量程。

(2) 简述测量有源二端网络开路电压及等效内阻的几种方法，并比较各种方法的优点。

2.5 典型电信号观察及 RC 一阶电路响应测试

一、实验目的

(1) 掌握实验装置上函数信号发生器的布局，各旋钮、开关的作用及其使用方法。

(2) 初步掌握用示波器观察电信号的波形，定量测出正弦信号和脉冲信号的波形参数。

(3) 理解 RC 一阶电路的零输入响应、零状态响应及全响应。

(4) 学习观测电路时间常数的方法。

(5) 掌握有关微分电路和积分电路的概念。

(6) 绘制一阶电路的零输入响应、零状态响应及全响应图形。

二、预习要求

(1) 阅读第 6 章 6.2,6.3 节中关于函数信号发生器、数字示波器的内容。

(2) 熟读仪器使用说明,并准备方格纸。

(3) 熟悉 RC 一阶电路的零输入响应、零状态响应、全响应及时间常数、微分电路和积分电路的理论知识。

三、实验原理

(1) 函数信号发生器用于产生各种波形的电信号,常用的有脉冲信号发生器、音频信号发生器等。正弦交流信号和方波脉冲信号是常用的电激励信号,由函数信号发生器提供。正弦信号的波形参数有幅值 U_m、周期 T(或频率 f)和初相 φ;方波脉冲信号的波形参数有幅值 U_m、脉冲重复周期 T 及脉宽 t_k。本实验装置能提供频率范围为 $2\text{Hz} \sim 2\text{MHz}$,幅值在 $0 \sim 20\text{V}$ 之间连续可调的信号。并由 6 位 LED 数码管显示信号的频率,不同类型的输出信号可通过"波形选择"开关来选取。

(2) 示波器是一种常用的电信号图形测量仪器,它可以定量测出各种电信号的波形参数,如波形的幅度、时间、相位的关系或脉冲信号的前后沿等,从液晶屏的 y 轴刻度尺并结合其量程分挡选择开关(y 轴输入电压灵敏度 V/div 分挡选择开关)读得电信号的幅值;从荧光屏的 x 轴刻度尺并结合其量程分挡选择开关(时间扫描速度 s/div 分挡选择开关),读得电信号的周期、脉宽等参数。为了完成对各种不同波形、不同要求的观察和测量,示波器还有一些其他的调节和控制旋钮,需要在实验中加以摸索和掌握。

(3)RC 一阶电路。动态网络的过渡过程是一个十分短暂的单次变化过程。对时间常数 τ 较大的电路,如果用一般的示波器观察过渡过程和测量有关的参数,必须使这种单次变化的过程重复出现。为此,我们利用函数信号发生器输出的方波来模拟阶跃激励信号,即令方波输出的上升沿作为零状态响应的正阶跃激励信号;方波下降沿作为零输入响应的负阶跃激励信号,只要选择方波的重复周期远大于电路的时间常数 τ,电路在这样的方波序列脉冲信号的激励下,它的响应和直流电源接通与断开的过渡过程基本相同。

RC 一阶电路的零输入响应和零状态响应分别按指数规律衰减和增长,其变化的快慢取决于电路的时间常数 τ。

时间常数 τ 的测定方法如图 2.5.1(b) 所示电路。

用示波器测得零输入响应的波形如图 2.5.1(a) 所示。

根据一阶微分方程的求解得知

$$u_C = U_m \mathrm{e}^{-t/RC} = U_m \mathrm{e}^{-t/\tau}$$

当 $t = \tau$ 时,$u_C(\tau) = 0.368 U_m$,此时所对应的时间就等于 τ。

亦可用零状态响应波形增长到 $0.632 U_m$ 所对应的时间测得(见图 2.5.1(c))。或者在曲线上任取两点 $P(t_1, u_{C1})$ 和 $Q(t_2, u_{C2})$,则得公式

$$u_C(t_1) = U_m \mathrm{e}^{-t_1/\tau} = u_{C1}$$

$$u_C(t_2) = U_m \mathrm{e}^{-t_2/\tau} = u_{C2}$$

$$\frac{u_{C1}}{u_{C2}} = \frac{\mathrm{e}^{-\frac{t_1}{\tau}}}{\mathrm{e}^{-\frac{t_2}{\tau}}}$$

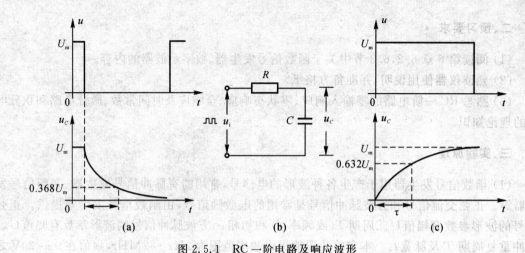

图 2.5.1　RC 一阶电路及响应波形

（a）零输入响应波形；　（b）RC 一阶电路；　（c）零状态响应波形

两边取对数后，整理可得

$$\tau=\frac{t_2-t_1}{\ln(u_{C1}-u_{C2})}$$

（4）微分电路和积分电路是 RC 一阶电路中较为典型的电路，它对电路元件参数和输入信号的周期有着特定的要求，如图 2.5.2 所示。

1）一个简单的 RC 串联电路，在方波序列脉冲的重复激励下，当满足 $\tau=RC\ll\dfrac{T}{2}$ 时（T 为方波脉冲的重复周期），电路的过渡过程得以迅速进行，从而有 $u_i\approx u_C$，若由 R 端作为响应输出，如图 2.5.2(a) 所示，这就构成了一个微分电路。此时电路的输出信号电压与输入信号电压的微分成正比，即

$$u_R=u_o=Ri=RC\frac{du_C}{dt}\approx RC\frac{du_i}{dt}$$

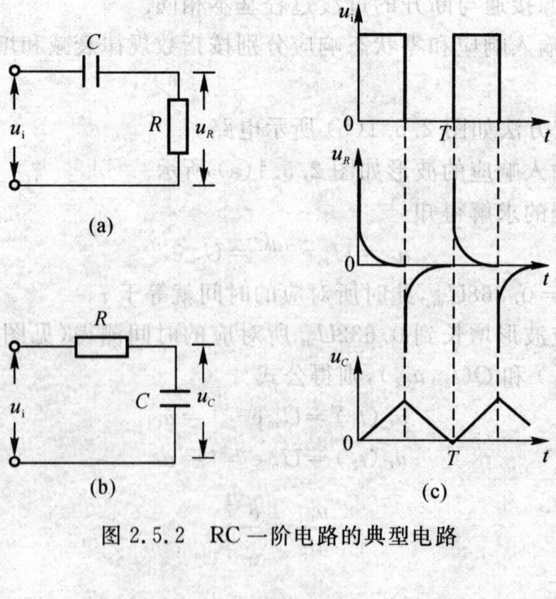

图 2.5.2　RC 一阶电路的典型电路

2）若将图 2.5.2(a) 所示中的 R 与 C 位置调换一下，由 C 端作为响应输出，且当电路参数的选择满足 $\tau = RC \gg \dfrac{T}{2}$ 条件时，电路的过渡过程将进行得十分缓慢，从而有 $u_i \approx u_R$，如图 2.5.2(b) 所示，即构成了一个积分电路。此时电路的输出信号电压与输入信号电压的积分成正比，即

$$u_C = u_。 = \frac{1}{C}\int i(\xi)\mathrm{d}\xi \approx \frac{1}{RC}\int u_i(\xi)\mathrm{d}\xi$$

3）从输出波形来看，上述两个电路均起着波形变换的作用，在实验过程中仔细观察并做好记录。

说明：图 2.5.2(a) 所示为微分电路，变换波形参看图 2.5.2(c) 中 u_R 响应输出波形。

图 2.5.2(b) 所示为积分电路，变换波形参看图 2.5.2(c) 中 u_C 响应输出波形。

四、实验仪器及材料

实验仪器及材料如表 2.5.1 所示。

表 2.5.1　实验仪器及材料

序　号	名　称	型号与规格	数　量	备　注
1	函数信号发生器		1	实验屏 C 区
2	双踪示波器	DS1072U	1	
3	一阶、二阶实验线路板		1	TKDG—03

五、实验电路及内容

1. 示波器的校准

参见第 6 章 6.3 的相关内容，熟悉示波器各按键功能。

2. 正弦波信号的观测

（1）将函数信号发生器的波形选择开关置于"正弦"位置，通过电缆线将"信号输出"口与示波器的"Y 输入"端相连。

（2）打开电源，调节函数信号发生器的频率旋钮，输出频率为 10 kHz、有效值幅值为 1V 的正弦波，从示波器上观测信号的波形、周期和幅值，将读数记录在表 2.5.2 中。

表 2.5.2　实验数据记录表

正弦波信号				
项目测定	有效值的测定	项目测定		频率的测定
	$U_{有效值} = 1\text{V}$			$f = 10\text{kHz}$
示波器"V/div"位置		示波器"t/div"位置		
一个 $U_{峰峰}$ 占有的电压值格数 / 格		一个周期占有格数 / 格		
$U_{峰峰}$ /V		信号周期 T/s		
根据 $U_{峰峰}$ 值计算 $U_{有效值}$/V		计算所得频率 f/Hz		

3. 方波脉冲信号的测定

（1）选择函数信号发生器波形按钮，输出"方波"信号。

（2）将函数信号发生器的输出幅度调节为 3.0V（用示波器测定），观测 1kHz 方波信号的波形相应参数。

（3）改变信号发生器上幅度旋钮和脉宽旋钮位置，观测波形参数的变化。读数记录在表 2.5.3 中。

表 2.5.3　实验数据记录表

方波信号			
项目测定	有效值的测定 $U = 3\text{V}$	项目测定	频率的测定 $f = 1\text{kHz}$
示波器"V/div"位置		示波器"t/div"位置	
电压幅值所占格数		一个周期占有格数／格	
计算电压幅值 U/V		信号周期 T/s	
		计算所得频率 f/Hz	

4. RC 一阶电路

实验线路板的结构如图 2.5.3 所示。

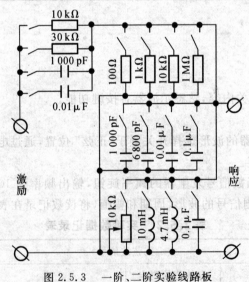

图 2.5.3　一阶、二阶实验线路板

根据图 2.5.1（b）所示，选择实验线路板上 R，C 元件：

（1）如图 2.5.1（b）所示，由 $R = 10\text{k}\Omega$，$C = 6\,800\text{pF}$ 组成 RC 电路。u_i 为函数信号发生器输出，调节并用双踪示波器观测函数信号发生器的输出信号，使输出 $U_\text{s} = 3\text{V}$，$f = 1\text{kHz}$ 的方波电压信号，通过电缆线将响应 u_C 的信号送入示波器的另一输入口"Y"，这时可在双踪示波器的屏幕上观察到在方波激励下产生响应的变化规律，求时间常数 τ，并描绘 u_i 及 u_C 波形。少量改变电容值或电阻值,定性观察对响应的影响,按 1：1 比例在坐标纸上记录观察到的波形。

（2）令 $R=10\text{k}\Omega$,$C=0.01\mu\text{F}$,观察响应波形,继续增大 C 值,将电容值增加至 $0.1\mu\text{F}$,定性观察响应波形。再令 $R=30\text{k}\Omega$,$C=0.1\mu\text{F}$,观察积分电路。

（3）选择实验线路板上 R,C 元件组成如图 2.5.2(a) 所示微分电路,令 $C=0.01\mu\text{F}$,$R=1\text{k}\Omega$。在同样的方波激励信号($U_s=3\text{V}$,$f=1\text{kHz}$)作用下,观测并描绘激励与响应的波形。增减 R 之值,定性观察对响应的影响,并作记录。当 R 增至 $1\text{M}\Omega$ 时,输入与输出波形有何本质上的区别?

六、实验注意事项

（1）应轻调仪器旋钮,动作不要过猛。

（2）示波器的辉度不宜过亮。

（3）调节示波器时,为使显示的波形稳定,应注意触发开关和电平调节旋钮的配合使用。

（4）函数信号发生器的接地端与示波器的接地端要连接在一起(称共地),以防止外界干扰。

七、实验报告

（1）整理实验数据,选择绘制典型波形图。

（2）对实验中所用仪器的使用方法进行总结。

（3）观察正弦信号,当示波器荧光屏上出现图 2.5.4 所示情况时,试说明测试系统中哪些旋钮的位置不对,应如何调节。

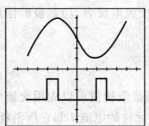

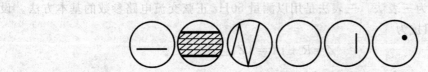

图 2.5.4　示波器显示屏面波形图

（4）根据实验观测结果,在方格纸上绘出 RC 一阶电路充放电时 u_C 的变化曲线,由曲线测得 τ 值,并与参数值的计算结果相比较,分析误差产生的原因。

（5）根据实验观测结果,归纳、总结积分电路和微分电路的形成条件,阐明波形变换的特征。

（6）心得体会及其他。

八、思考题

认真阅读示波器的使用说明。

（1）示波器面板上的"t/div"和"V/div"的含义是什么？

（2）在荧光屏上观察本机"校准信号"时，要得到两个周期的稳定波形，幅度要求为 5 格，试问 y 轴电压灵敏度"V/div"应置于哪一挡位？"t/div"又应置于哪一挡位？

（3）什么电信号可作为 RC 一阶电路零输入响应、零状态响应和全响应的激励信号？

（4）已知在 RC 一阶电路中，$R=10\mathrm{k}\Omega$，$C=0.1\mu\mathrm{F}$，试计算时间常数 τ，并根据 τ 值的物理意义，拟订测 τ 的方案。

（5）何谓积分电路和微分电路，它们必须具备什么条件？它们在方波序列脉冲的激励下的输出信号波形的变化规律如何？这两种电路有何用途？

2.6 用三表法测量电路元件等效参数

一、实验目的

（1）学会用交流电压表、交流电流表和功率表测量元件交流等效参数的方法。

（2）学会功率表的接法及使用方法。

二、预习要求

（1）熟练掌握有关阻抗、功率、功率因数等的计算公式。

（2）了解阻抗性质的判别方法。

（3）预习控制屏上三相交流电源的使用方法。

（4）预习第 6 章交流电压表、交流电流表、功率表的使用方法，特别学习掌握功率表的结构、接线与使用方法。

三、实验原理

（1）正弦交流激励下的元件值或阻抗值可以先用交流电压表、交流电流表及功率表分别测量出元件两端的电压 U、流过该元件的电流 I 和它所消耗的功率 P，然后通过计算得到所求的各值，这种方法称为三表法。三表法是用以测量 50Hz 正弦交流电路参数的基本方法。设被测负载的等效复阻抗为

$$Z=R+\mathrm{j}X=|Z|\angle\varphi$$

阻抗的模为

$$|Z|=\frac{U}{I}$$

功率因数为

$$\cos\varphi=\frac{P}{UI}$$

等效电阻为

$$R=\frac{P}{I^2}=|Z|\cos\varphi$$

等效电抗为

$$X=|Z|\sin\varphi$$

如果被测元件为一个电感线圈,则有

$$X = X_L = |Z| \sin\varphi = 2\pi fL$$

如果被测元件为一个电容器,则有

$$X = X_C = |Z| \sin\varphi = \frac{1}{2\pi fC}$$

如果被测对象不是一个元件,而是一个无源一端口网络,虽然也可以从 U, I, P 三个量中求得 $R = |Z|\cos\varphi, X = |Z|\sin\varphi$,但无法判定出 X 是容性还是感性。

(2)阻抗性质的判别方法。用在被测元件两端并联电容或串联电容的方法对阻抗性质加以判别,原理与方法如下:

1)在被测元件两端并联一个适当电容量的实验电容,若串接在电路中的电流表的读数增大,则被测阻抗为容性,电流减小则为感性。在图 2.6.1(a) 中,Z 为待测定的元件,C' 为实验电容器。图(b)是图(a)的等效电路,图中 G, B 为待测阻抗 Z 的电导和电纳,B' 为并联实验电容 C' 的电纳。在端电压有效值不变的条件下,按下面两种情况进行分析:

a. 设 $B + B' = B''$,若 B' 增大,B'' 也增大,则电路中电流 I 将单调地上升,故可判断 B 为容性元件。

b. 设 $B + B' = B''$,若 B' 增大,B'' 先减小而后再增大,电流 I 也是先减小后增大,如图2.6.2 所示,则可判断 B 为感性元件。对电路电流 I 与并联电纳 B' 的关系由以上分析可知,当 B 为容性元件时,对并联电容 C' 值无特殊要求;而当 B 为感性元件时,$B' < |2B|$ 才有判定为感性的意义。当 $B' > |2B|$ 时,电流单调上升,与 B 为容性时相同,并不能说明电路是感性的。因此,$B' < |2B|$ 是判断电路性质的可靠条件,由此得出判定条件为 $C' < 2B\omega$。

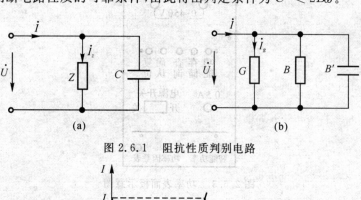

图 2.6.1 阻抗性质判别电路

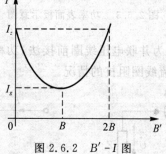

图 2.6.2 $B' - I$ 图

2)与被测元件串联一个适当电容量的实验电容,若被测阻抗的端电压下降,则判为容性,端电压上升则为感性,判定条件为 $1/\omega C' < |2X|$,其中 X 为被测阻抗的电抗值,C' 为串联实验电容值,此关系式可自行证明。判断待测元件的性质,除上述借助于实验电容 C' 测定法外,还可以利

用该元件电流、电压间的相位关系进行判断。若 i 超前于 u,为容性;i 滞后于 u,则为感性。

（3）功率表的结构、接线与使用。功率表（又称为瓦特表）是一种动圈式仪表,功率表面板如图 2.6.3 所示。

功率表的接线:功率表电流线圈和电压线圈的同名端子应先连接在一起,电流线圈应串联在电路中,电压线圈并联在电路中测量。在电流线圈和电压线圈的一个端钮上标有"＊"标记（分别为图 2.6.3 左上"＊"和左下"＊"）,称为电流线圈同名端和电压线圈同名端。为了不使功率表指针反向偏转,当连接功率表时,对标记"＊"的电流线圈端,必须接在电源端,另一端串接在负载端;对标记"＊"的电压线圈端,可以接在电流线圈的任意一端,另一端应并接到负载的另一端。如此功率表指针就一定能正向偏转,功率显示正值,反之,功率则显示负值。

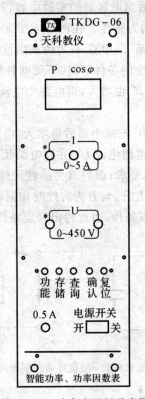

图 2.6.3　功率表面板示意图

图 2.6.4(a) 所示的连接,称为并联电压线圈前接法,功率表读数中包括了电流线圈的功耗,它适用于负载阻抗远大于电流线圈阻抗的情况。

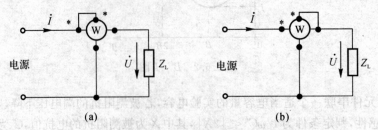

图 2.6.4　功率表接线

(a) 并联电压线圈前接法;　(b) 并联电压线圈后接法

图 2.6.4(b) 所示的连接,称为并联电压线圈后接法,功率表读数中包括了电压线圈的功耗,它适用于负载阻抗远小于功率表电压支路阻抗的情况。

(4) 控制屏三相交流电源的使用。控制屏三相交流电源的原理图如图 2.6.5 所示。线电压由 380V 的三相四线制交流电源经四芯插头引入,通过钥匙式电源总开关、接触器 KM 三对主触头接到三相自耦调压器的原绕组端 U_1,V_1,W_1,调压后的电压经调压器的副绕组端 U,V,W 输出。N 为中性线(即零线)。调压器的调压手柄在控制屏的左侧,将手柄逆时针旋到底输出电压为零;顺时针旋转,电压增大,调压范围为线电压 0 ~ 430V。

开启三相交流电源的步骤:

1) 将四芯插头插入 380V 三相电源插座中。

2) 用专用钥匙右转接通三相电源总开关。

3) 按启动按钮使接触器主触头 KM 吸合,自耦调压器原绕组端 U_1,V_1,W_1 得电,在其上有 380 V 线电压输出,在调压器的副绕组 U,V,W 端,有 0 ~ 430V 可调线电压输出。

4) 按停止按钮,自耦调压器断电。

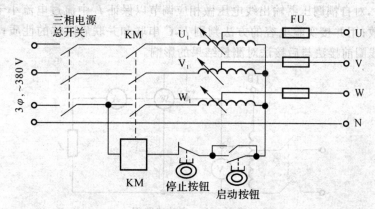

图 2.6.5　控制屏三相交流电源原理图

5) 根据实验线路所需电源电压的不同要求,可分别连接到调压器的原绕组端,即 U_1,V_1,W_1 端,为三相电网线电压 380V 的输出端;或连接到副绕组端,即 U,V,W 端,为三相自耦调压器可调输出电压 0 ~ 430V 的输出端。三相电网线电压及调压后的输出电压可由控制屏上三相电压表经切换开关来指示其电压值。

四、实验仪器及材料

实验仪器及材料如表 2.6.1 所示。

表 2.6.1　实验仪器及材料

序　号	名　称	型号与规格	数　量	备　注
1	单相交流电源	0 ~ 220V	1	实验屏 A 区
2	三相自耦调压器		1	实验屏 A 区
3	交流电压表		1	实验屏 D 区
4	交流电流表		1	实验屏 D 区

续 表

序　号	名　称	型号与规格	数　量	备　注
5	功率表		1	TKDG—06
6	日光灯镇流器	30W	1	TKDG—04
7	电容器	4.7μF/500V 0.47μF/500V	各1	TKDG—04
8	白炽灯	15W，220V	1	TKDG—04
9	电流插座			TKDG—04

五、实验电路及内容

测试线路如图 2.6.6 所示，正确接线，经指导教师检查后，方可接通电源。当图 2.6.6 中的 Z_L 不相同时，对自耦调压器输出线电压做相应调节以保证 L 中流过电流小于 0.4A。测量并计算等效参数；用并接实验电容的方法判别 L,C 串联和并联后阻抗的性质；观察并测定功率表电压并联线圈前接法与后接法对测量结果的影响。

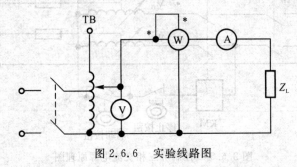

图 2.6.6　实验线路图

（1）将自耦调压器输出线电压调到 380V，实验线路图中负载接白炽灯，测量电源相电压 U，电流 I，有功功率 P，功率因数 $\cos\varphi$，并计算电路等效参数，记录在表 2.6.2 中。

表 2.6.2　实验数据记录表

	被测阻抗测量值				计算电路等效参数		
	U/V	I/A	P/W	$\cos\varphi$	$|Z|/\Omega$	$\cos\varphi$	L/mH	$C/\mu F$
白炽灯 R								

（2）将自耦调压器输出线电压调到 320V 左右，实验线路图中负载分别接为电感线圈 L，电容 C，电感线圈 L 和电容 $C(4.7\mu F)$ 并联，测量负载电压 U、电流 I、有功功率 P、功率因数 $\cos\varphi$，并计算电路等效参数，记录在表 2.6.3 中。并注意分析电感线圈 L 的有功功率和功率因数 $\cos\varphi$ 的数据。

然后在电感线圈 L 和电容 C 并联电路上并联一个 0.47μF 电容，定性观察电流 I 的大小变化，用并联电容的方法对阻抗性质进行判断。

表 2.6.3　实验数据记录表

	被测阻抗测量值				计算电路等效参数			
	U/V	I/A	P/W	$\cos\varphi$	$\lvert Z\rvert/\Omega$	$\cos\varphi$	L/mH	$C/\mu F$
电感线圈 L		I_L						
电容 C		I_C						
L 与 C 并联		I						

（3）将自耦调压器输出线电压调到 150V 左右，实验线路图中负载是由电感线圈 L 和电容 $C(4.7\mu F)$ 串联而成的，测量串联负载电压 U、电感线圈 L 电压 U_L、电容 C 电压 U_C、电流 I、有功功率 P、功率因数 $\cos\varphi$，并计算电路等效参数，记录在表 2.6.4 中。

然后在电感线圈 L 和电容 C 串联电路上并联一个 $0.47\mu F$ 电容，定性观察电流 I 的大小变化，用并联电容的方法对阻抗性质进行判断。

表 2.6.4　实验数据记录表

	被测阻抗测量值					计算电路等效参数			
	U/V	U_L/V	U_C/V	I/A	P/W	$\cos\varphi$	$\lvert Z\rvert/\Omega$	$\cos\varphi$	L/mH	$C/\mu F$
L 与 C 串联									

六、实验注意事项

（1）本实验直接用 220V 交流电源供电，实验过程中要特别注意人身安全，不可用手直接触摸通电线路的裸露部分，以免触电。

（2）改变实验线路前，必须先切断电源再接线。

（3）自耦调压器在接通电源前，应将其手柄置在零位上（逆时针旋到底），在调节时，使其输出电压从零开始逐渐升高。每次改接实验线路或实验完毕后，都必须先将其手柄慢慢调回零位，再断电源。必须严格遵守这一安全操作规程。

（4）功率表要正确接入电路，等待功率表稳定后再读数。

（5）电感线圈 L 中流过的电流不得超过 0.4A。

七、实验报告

（1）根据实验数据，完成各项计算。

（2）完成预习思考题（1），（2）的任务。

（3）分析功率表并联电压线圈前、后接法对测量结果的影响。

（4）总结功率表与自耦调压器的使用方法。

（5）心得体会及其他。

八、思考题

（1）在 50Hz 的交流电路中，测得一只铁芯线圈的 P，I 和 U，如何计算它的阻值及电感量？

(2) 如何用串联电容的方法来判别阻抗的性质？试用 I 随 X_C（串联容抗）的变化关系作定性分析,证明串联实验电容时, C' 应满足 $1/(\omega C') < |2X|$。

2.7　功率因数的提高

一、实验目的

(1) 学习提高功率因数的意义和方法。
(2) 了解日光灯的工作原理。
(3) 进一步掌握功率表的使用方法。

二、预习要求

(1) 熟悉功率因数的基本概念,熟悉提高功率因数的方法。
(2) 预习可调三相交流电源的使用方法。
(3) 预习交流电压表、交流电流表、功率表的使用方法。
(4) 学习日光灯的工作原理。

三、实验原理

设负载复阻抗 $Z = R + \mathrm{j}X$,其功率因数为 $\cos\varphi$。当负载在额定电压 U 下工作且功率 P 一定时,负载取用的电流为 $I = P/(U\cos\varphi)$。因此,负载的功率因数 $\cos\varphi$ 越低,输电线路中的电流就越大。这不仅造成线路压降增大,能耗增加,使输电效率降低,而且使得发电设备的电容量得不到充分利用。因此,提高功率因数在电力系统中具有很大的经济意义。提高功率因数就是要设法减小负载电压 $\dot{U}$ 和电流 $\dot{I}$ 之间的相位差,即要设法减小负载电路电流 $\dot{I}$ 中的无功分量。对于感性负载而言,可通过并联电容器的方法来提高负载电路的功率因数。利用电容器产生超前的无功电流来补偿感性负载滞后的无功电流分量,以减小电路电流的无功分量,从而使电路的总电流减小。需要说明,并联电容并不改变负载自身的工作状态,即负载自身的功率、电流和功率因数均未改变。并联电容只是提高了整个负载电路的功率因数,减小的是整个负载电路的电流和无功功率。

四、实验仪器及材料

实验仪器及材料如表 2.7.1 所示。

表 2.7.1　实验仪器及材料

序　号	名　称	型号与规格	数　量	备　注
1	可调三相交流电源	$0 \sim 450\mathrm{V}$	1	实验屏 A 区
2	三相自耦调压器		1	实验屏 A 区
3	交流数字电压表	$0 \sim 500\mathrm{V}$	1	实验屏 D 区
4	交流数字电流表	$0 \sim 5\mathrm{A}$	1	实验屏 D 区

续表

序　号	名　称	型号与规格	数　量	备　注
5	功率表		1	TKDG—06
6	日光灯镇流器	与 30W 日光灯配用	1	TKDG—04
7	启辉器	与 30W 日光灯配用	1	TKDG—04
8	电容器	$1\mu F, 2.2\mu F, 4.7\mu F/ 450V$		自备电容箱
9	日光灯灯管	30W/220V	1	实验屏
10	电流插座			TKDG—04

五、实验电路及内容

(1) 测定日光灯电路的功率因数按图 2.7.1 所示接线(参看图 2.7.2 所示电流表测量方法)，电容器 C 暂不接入电路(断开 S)。经指导教师检查后，接通电源，将调压器输出电压 U 调至 220V，观察日光灯的启动情况；日光灯正常发光后，分别测取日光灯电路的功率 P、电流 I 和电压 U，据此计算日光灯电路的功率因数。测取镇流器电压 U_L，灯管电压 U_A，记录在表 2.7.2 中。

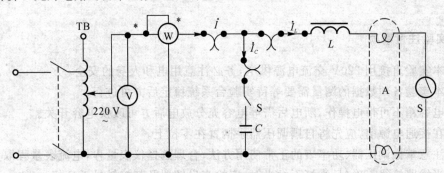

图 2.7.1　实验线路图

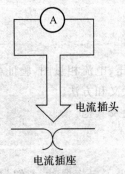

图 2.7.2　电流表测量连线

表 2.7.2　实验数据记录表

P/W	U/V	I/A	$\cos\varphi$	U_L/V	U_A/V

（2）功率因数的提高：当日光灯正常发光时，并入电容器 C（闭合 S）且逐步增加电容数值，依次测取不同电容值下整个负载电路的有功功率 P、电源电压 U、总电流 I、日光灯电流 I_L、电容器电流 I_C 和功率因数（实验时维持调压器输出相电压 $U=220V$ 不变）。电流测量通过一只电流表和三个电流插座分别测量三条支路的电流，读数记录在表 2.7.3 中。

表 2.7.3　实验数据记录表

电容值 $C/\mu F$	测量数据					
	P/W	U/V	I/A	I_L/A	I_C/A	$\cos\varphi$
0						
1						
2.2						
4.7						
6.9						

六、实验注意事项

（1）本实验直接用 220V 交流电源供电，务必注意用电和人身的安全。

（2）本实验各项数据的测量需要等待实验台系统稳定后方可进行。

（3）电容箱不可带电操作，断电后需等电容充分放电后方可改换电容开关。

（4）在接通电源前，应先将自耦调压器手柄置在零位上。

（5）注意掌握调压器、功率表的正常使用方法；合理选择仪表量程，电流表量程取为 1A。

（6）当线路接线正确，日光灯不发光时，应检查启辉器及其接触是否良好。

（7）日光灯的启动电流较大，本实验采用电流插座以保护仪表安全，启动时勿将仪表接入，正常发光后再进行测量。

七、实验报告

（1）根据实验数据，分别绘出电压、电流相量图，验证相量形式的基尔霍夫定律。

（2）讨论改善电路功率因数的意义和方法。

（3）装接日光灯线路的心得体会及其他。

八、思考题

（1）在日常生活中，当日光灯缺少了启辉器时，人们常用一根导线将启辉器的两端短接一下，然后迅速断开，使日光灯点亮；或用一只启辉器去点亮多只同类型的日光灯，为什么这样做？

（2）为了提高电路的功率因数，常在感性负载上并联电容器，此时增加了一条电流支路，试问电路的总电流是增大还是减小，此时感性元件上的电流和功率是否改变？为什么？

（3）提高电路功率因数为什么只采用并联电容器法，而不用串联法？所并的电容器是否越大越好？

（4）负载电路的端电压恒定时，如何根据电流表的读数变化来判断整个负载电路功率因数的增减？

（5）表 2.7.2 中的 U_L，U_A 和 U 是否能组成闭合的向量三角形？若不能，请问为什么？

附：日光灯电路简介

（1）日光灯电路如图 2.7.3 所示，图中 A 是日光灯管，L 是镇流器，S 是启辉器，C 是补偿电容器。补偿电容用以改善电路的功率因数（$\cos\varphi$ 值）。

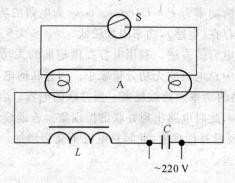

图 2.7.3　日光灯电路图

灯管是一根玻璃管，管子内壁均匀地涂着一层薄的荧光粉，灯管两端各有一组灯丝，灯丝上涂有一层电子粉，管内充有惰性气体（如氩）和水银蒸气。镇流器实际上是一个铁芯铁圈，它与灯管串联使用，其作用：

1）限制灯管电流。

2）当启辉器金属片断开时，线路内电流发生突变而在灯管两端产生一脉冲高压，从而启亮日光灯。镇流器必须按电源电压和日光灯功率配用，不能互相混用。启辉器是由封装在玻璃泡内（泡内充惰性气体）的小电容和两个电级组成的，如图 2.7.4 所示。电极由一个直形金属片和一个倒 U 形的金属片组成。接通电源时，电源电压全部加在启辉器的两个电极之间，产生辉光放电现象。双金属片受热膨胀，使二电极相碰。相碰后，极间电压降到零，双金属片冷却复原。由此可知，启辉器的作用是使电路接通或自动切断。启辉器的规格根据日光灯管的功率来决定。镇流器在工作时，也要消耗有功功率，可用电阻与电感的串联组合等效代替。小电容的作用是防止日光灯在启动过程中对附近无线电设备产生高频干扰。整个日光灯电路的等效电路如图 2.7.5 所示。

（2）日光灯工作原理：当日光灯刚接通电源时，启辉器放电导通，使两组灯丝串联接在电源上，灯丝加热发射出大量电子，启辉器放电时双金属片受热膨胀，使两金属片相互接触，导致启辉器放电熄灭，双金属片冷却，随即断开。由于双金属片的突然断开导致线路电流的突然变化，于是在镇流器两端产生开路脉冲电压，使管内的氩气电离。在氩气放电后，管内温度升高，使水银蒸气气压上升，由于电子撞击水银蒸气，从而灯管由氩气放电过渡到水银蒸气放电。在放电时辐射出紫外线，激励管壁上的荧光粉，使它发出像日光一样的光。灯管放电后，灯管两端电压较低,即启辉器两电极的电压较低,不足以使启辉器继续放电。

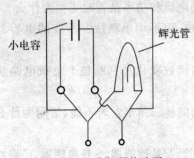

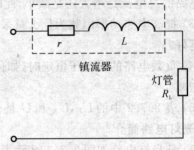

图 2.7.4　启辉器构造图　　　　　　　　　图 2.7.5　日光灯等效电路

实验说明:电路所消耗的功率为 $P = UI\cos\varphi$。$\cos\varphi$ 为电路的功率因数。当日光灯电路工作时,线路中因为有镇流器存在(电感),功率因数较低($\cos\varphi \approx 0.5 \sim 0.6$),为了提高日光灯电路的功率因数,可采用并联电容的方法。利用电容提供超前的无功电流以补偿感性负载中滞后的无功电流,从而使电路中总电流的无功分量减小。当并联的电容 C 少许增加时,电路总电流 I 减小,I_L 不变,整个电路的功率因数被提高。当并联的电容 C 达到一定值时,总电流 I 减为最小,此时 $\cos\varphi = 1$,即 $\varphi = 0$,此时电路出现并联谐振现象。若继续增加电容 C 值,电路变为容性电路,$\cos\varphi$ 反而降低,出现过补偿现象,此时总电流 I 又会增加。日光灯电路中的电流是非正弦的,因而会带来实验误差。

2.8　RLC 串联谐振电路的研究

一、实验目的

(1) 学习用实验方法测试 RLC 串联谐振电路的幅频特性曲线。
(2) 加深理解电路发生谐振的条件、特点,掌握电路品质因数的物理意义及其测定方法。

二、预习要求

(1) 复习 RLC 串联电路的理论知识。
(2) 掌握串联谐振电路的特点。
(3) 实验前,根据给定参数从理论上计算出谐振频率 f_0,以便进行比较。

三、实验原理

1. 幅频特性

在图 2.8.1 所示的 RLC 串联电路中,当正弦交流信号源的频率 f 改变时,电路中的感抗、容抗随之而变,电路中的电流也随 f 而变。取电路电流 I 作为响应,当输入电压 U_i 维持不变时,在不同信号频率的激励下,测出电阻 R 两端电压 U_o 之值,则 $I = \dfrac{U_o}{R}$,然后以频率 f 为横坐标,以 I 为纵坐标,绘出光滑的曲线,此即为幅频特性,亦称电流谐振曲线,如图 2.8.2 所示。

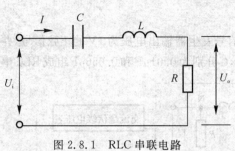

图 2.8.1　RLC 串联电路 　　　　　　　图 2.8.2　电流谐振曲线

2.谐振频率及品质因数

在图 2.8.2 中，$f = f_0 = \dfrac{1}{2\pi\sqrt{LC}}$，即幅频特性曲线尖峰所在的频率点，该频率称为谐振频率，此时电路呈纯电阻性，电路阻抗的模为最小。在输入电压 U_i 为定值时，电路中的电流 I_0 达到最大值且与输入电压 U_i 同相位，从理论上讲，此时 $U_i = U_{R_0} = U_o$，$U_{L_o} = U_{C_o} = QU_i$，式中的 Q 被称为电路的品质因数。

　　3.电路的品质因数 Q 值的两种测量方法

　　方法一，根据公式测定，即

$$Q = \frac{U_{L_o}}{U_i} = \frac{U_{C_o}}{U_i}$$

式中，U_{C_o} 与 U_{L_o} 分别为谐振时电容器 C 和电感线圈 L 上的电压。

　　方法二，通过测量谐振曲线的通频带宽度，即

$$\Delta f = f_H - f_L$$

再根据

$$Q = \frac{f_0}{f_H - f_L}$$

求出 Q 值，式中 f_0 为谐振频率，f_H 和 f_L 是失谐时幅度下降到最大值的 $\dfrac{1}{\sqrt{2}}(=0.707)$ 倍时的上、下频率点。Q 值越大，曲线越尖锐，通频带越窄，电路的选择性越好。在恒压源供电时，电路的品质因数、选择性与通频带只由电路本身的参数决定，而与信号源无关。

　　四、实验仪器及材料

　　实验仪器及材料如表 2.8.1 所示。

表 2.8.1　实验仪器及材料

序　号	名　　称	型号与规格	数　量	备　注
1	函数信号发生器		1	实验屏 C 区
2	双踪示波器	DS1072U	1	
3	交流毫伏级电压表	$0 \sim 200\text{mV}$	1	实验屏 D 区
4	谐振电路实验线路板	$R = 510\Omega,\ 100\Omega$ $C = 0.01\mu F,\ 0.056\mu F$ $L \approx 20\text{mH}$		TKDG—03

五、实验电路及内容

(1) 按图 2.8.3 所示电路接线,调节函数信号发生器输出电压为 1V 的正弦信号,并在整个实验过程中保持不变。取 $R = 510\Omega$, $L = 20\text{mH}$, C 分别为 $0.01\mu\text{F}$ 和 $0.056\mu\text{F}$ 组成 RLC 串联电路。

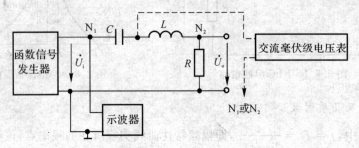

图 2.8.3　实验线路图

(2) 找出电路的谐振频率 f_0,其方法是:将交流毫伏级电压表跨接在电阻 R 两端,令函数信号发生器的频率由小逐渐变大(注意要维持函数信号源的输出幅度不变),当 U_0 的读数为最大时,读得频率计上的频率值即为电路的谐振频率 f_0,并测量 U_0、U_{Lo}、U_{Co}(注意及时更换毫伏级电压表的量程),通过公式 $I_0 = U_0/R$ 计算出 I_0 值,读数记入表 2.8.2 中。

表 2.8.2　实验数据记录表

$C/\mu\text{F}$	f_0/kHz	U_0/V	U_{Lo}/V	U_{Co}/V	I_0/V	$Q = \dfrac{U_{Lo}}{U_i} = \dfrac{U_{Co}}{U_i}$
$C = 0.01\mu\text{F}$						
$C = 0.056\mu\text{F}$						

(3) 在谐振点两侧,应先测出下限频率 f_L 和上限频率 f_H 及相对应的 U 值,然后再逐点测出不同频率下的 U 值,计算出相对应的 I 值,画出电流谐振曲线。计算 Q 值,与表 2.8.2 中的 Q 值进行比较。数据记录在表 2.8.3 中(绘制电流谐振曲线数据表格自拟)。

表 2.8.3　实验数据记录表

$C = 0.01\mu\text{F}$	$f_H/\text{kHz} =$	$f_L/\text{kHz} =$	$Q = \dfrac{f_0}{f_H - f_L}$
$C = 0.056\mu\text{F}$	$f_H/\text{kHz} =$	$f_L/\text{kHz} =$	$Q = \dfrac{f_0}{f_H - f_L}$

(4) 取 $R = 1.5\text{k}\Omega$, $L = 20\text{mH}$, C 分别为 $0.01\mu\text{F}$ 和 $0.056\mu\text{F}$ 组成 RLC 串联电路,重复步骤(2)、(3) 的测量过程,表格自拟。

六、实验注意事项

(1) 测试频率点的选择应在靠近谐振频率的附近多取几个点。在变换频率测试时,应调整信号输出幅度,使其维持在 1V 的输出不变。

(2) 在测量 U_{Co} 和 U_{Lo} 数值前,应及时改换毫伏级电压表的量程,而且在测量 U_{Co} 与 U_{Lo} 时,毫伏级电压表的"+"端接 C 与 L 的公共点,其接地端分别触及 L 和 C 的近地端 N_1 和 N_2。

(3) 实验过程中交流毫伏级电压表电源线采用两线插头。

七、实验报告

(1) 根据测量数据,绘出两个不同 Q 值的幅频特性曲线。

(2) 计算出通频带与 Q 值,说明不同 R 值对电路通频带、品质因数产生的影响。

(3) 对两种测量 Q 值的方法进行比较,分析误差产生的原因。

(4) 通过本次实验,总结、归纳串联谐振电路的特性。

八、思考题

(1) 根据实验电路板给出的元件参数值,估算出电路的谐振频率。

(2) 改变电路的哪些参数可以使电路发生谐振,电路中 R 的数值是否影响谐振频率值?

(3) 如何判断电路是否发生了谐振?测试谐振点的方案有哪些?

(4) 当电路发生串联谐振时,为什么输入电压不能太大?如果函数信号发生器给出 1V 的电压,电路谐振时,用交流毫伏级电压表测出 U_{Lo} 和 U_{Co},应该选择多大量程?

(5) 要提高 RLC 串联电路的品质因数,应如何改变电路参数?

(6) 当谐振时,比较输出电压 U_o 与输入电压 U_i 是否相等,试分析原因。

(7) 当谐振时,对应的 U_{Co} 与 U_{Lo} 是否相等?如有差异,试分析原因。

2.9 三相正弦交流电路电压、电流的测量

一、实验目的

(1) 掌握三相负载星形连接、三角形连接的方法,验证在这两种接法下线电压与相电压、线电流与相电流之间的关系。

(2) 充分理解在三相四线制供电系统中中线的作用。

二、预习要求

(1) 学习三相负载的星形连接和三角形连接线路。

(2) 复习理论知识,充分理解三相负载星形连接时电源线相电压与负载线相电压之间的关系,强调本实验在负载星形连接时测量并讨论的是负载的线、相电压的关系。

(3) 复习负载中性点偏移电压的概念,并分析在什么情况下会产生负载中性点偏移电压。

三、实验原理

三相电路中的电压和电流三相负载可接成星形(又称"Y"形)或三角形(又称"△"形)。

(1) 当对称三相负载作 Y 形连接时,线电压 U_L 是相电压 U_P 的 $\sqrt{3}$ 倍。线电流 I_L 等于相电流 I_P,即

$$\dot{U}_L = \sqrt{3}\ \dot{U}_P \angle 30°, \quad \dot{I}_L = \dot{I}_P$$

当采用三相四线制接法时,流过中线的电流 $I_N = 0$,所以可以省去中线。当对称三相负载作 △ 形连接时,有

$$\dot{I}_L = \sqrt{3}\ \dot{I}_P \angle 30°, \quad \dot{U}_L = \dot{U}_P$$

(2) 当不对称三相负载作 Y 形连接时,必须采用三相四线制接法,即 Y_0 接法,且中线必须牢固连接,以保证不对称三相负载的每相电压保持对称不变。倘若中线断开,则会导致三相负载电压的不对称,三相负载中有的负载的相电压过高,使负载损坏;有的负载的相电压又过低,使负载不能正常工作。尤其是对于三相照明负载,要无条件地一律采用 Y_0 接法。

(3) 对于不对称的三相负载作 △ 形连接时,$I_L \neq \sqrt{3} I_P$,但只要电源的线电压 U_L 对称,则加在三相负载上的电压仍是对称的,对各相负载工作没有影响。

四、实验仪器及材料

实验仪器及材料如表 2.9.1 所示。

表 2.9.1　实验仪器及材料

序　号	名　　称	型号与规格	数　量	备　注
1	三相交流电源	$0 \sim 220V$	1	实验屏 A 区
2	三相自耦调压器		1	实验屏 A 区
3	交流电压表	$0 \sim 500V$	1	实验屏 D 区
4	交流电流表	$0 \sim 5A$		实验屏 D 区
5	三相灯组负载	15W,220V 白炽灯		TKDG—04
6	电流插座		若干	TKDG—04

五、实验电路及内容

1. 三相负载星形连接(三相四线制供电)

按图 2.9.1 所示线路连接实验电路(分别接为 Y_0 形和 Y 形),三相灯组负载经三相自耦调压器接通三相对称电源,并将三相调压器的旋柄置于三相电压输出为 0V 的位置。经指导教师检查后,方可合上三相电源开关,然后调节调压器的输出,使输出的三相线电压为 220V,按表 2.9.2 中所列各项要求分别测量三相负载的线电压、相电压、线电流、相电流、中线电流、电源与负载中性点间的电压,记录在表 2.9.2 中。同时观察各相灯组亮暗的变化程度,观察分析中线的作用。注意负载中性点偏移电压测量点分别是负载短接点 N′ 和电源零线端子 N,分析在什么情况下会产生负载中性点偏移电压。

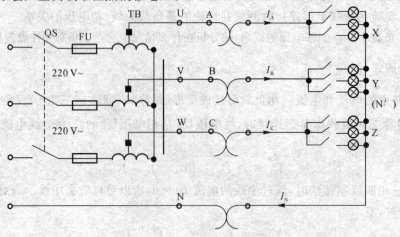

图 2.9.1　负载星形连接实验电路图

表 2.9.2　实验数据记录表

测量项目	开灯盏数			(线电流 = 相电流)/A			负载线 电压 /V			负载相 电压 /V			中线 电流 /A	中点间 电压 /V
	A 相	B 相	C 相	I_A	I_B	I_C	U_{AB}	U_{BC}	U_{CA}	$U_{AN'}$	$U_{BN'}$	$U_{CN'}$	I_N	$U_{NN'}$
Y_0 形对称负载	3	3	3											
Y_0 形不对称负载	1	2	3											
Y 形对称负载	3	3	3										—	
Y 形不对称负载	1	2	3										—	

2. 负载三角形连接(三相三线制供电)

按图 2.9.2 所示连接实验电路。经指导教师检查后接通三相电源,调节调压器,使其输出线电压为 220V,按表 2.9.3 的内容进行测试记录。

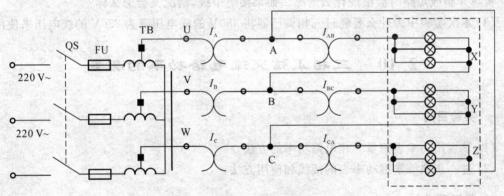

图 2.9.2　负载三角形连接实验电路图

表 2.9.3　负载三角形连接实验数据记录表

测量项目	开灯盏数			(线电压 = 相电压)/V			线电流 /A			相电流 /A		
	AB相	BC相	CA相	U_A	U_B	U_C	I_A	I_B	I_C	I_{AB}	I_{BC}	I_{CA}
三角形对称负载	3	3	3									
三角形不对称负载	1	2	3									

六、实验注意事项

(1) 本实验采用三相交流电,线电压降为 220V。实验时要注意人身安全,不可触及导电部件,防止意外事故发生。

(2) 每次接线完毕,同组同学应自查一遍,再经指导教师检查后,方可接通电源。必须严格遵守先接线后通电,先断电后拆线的实验操作原则。

（3）每次实验完毕，必须将三相调压器旋柄调回零位；每次改变线路必须断开三相电源，以确保人身安全。

七、实验报告

（1）用实验测得的数据验证对称三相电路中$\sqrt{3}$的倍关系。

（2）根据实验数据和观察到的现象，总结三相四线制供电系统中中线的作用。

（3）不对称负载三角形连接，能否正常工作？实验是否能证明这一点？

（4）根据不对称负载三角形连接时的相电流值作相量图，求出线电流值，然后与实验测得的线电流作比较，并分析之。

（5）心得体会及其他。

八、思考题

（1）三相负载根据什么条件作星形或三角形连接？

（2）复习三相交流电路的有关内容，分析三相星形连接不对称负载在无中线的情况下，当某相负载开路或短路时会出现什么情况。如果接上中线，情况又会怎么样？

（3）本次实验中为什么要通过三相调压器将380V的线电压降为220V的线电压来使用？

2.10　三相正弦交流电路功率的测量

一、实验目的

（1）学会用功率表测量三相电路功率的方法。

（2）进一步熟练掌握功率表的接线和使用方法。

二、预习要求

（1）复习三相负载的星形连接和三角形连接线路。

（2）复习功率表的测量与接线原理，在此基础上学习一瓦表及二瓦表测功率的条件和方法。

三、实验原理

三相负载电路的功率测量：

1.有功功率测量

（1）一瓦表法。对于三相四线制供电的三相星形连接的负载（即Y_0接法），可用一只功率表测量各相的有功功率P_1，P_2，P_3，计算三相功率之和（即$P=P_1+P_2+P_3$），得到三相负载的总有功功率（所谓一瓦表法就是用一只单相功率表分别去测量各相的有功功率）。实验线路如图2.10.1所示。若三相负载是对称的，则只需测量一相的功率即可，该相功率乘以3即得三相总的有功功率。

（2）二瓦表法。三相三线制供电系统中，不论三相负载是否对称，也不论负载是星形连接还是三角形连接，都可用二瓦表法测量三相负载的总有功功率。测量线路如图2.10.2所示。

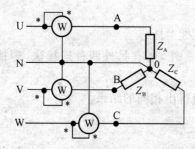

图 2.10.1　一瓦表法测试线路

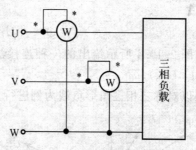

图 2.10.2　二瓦表法测试线路

应用二瓦表法测取三相有功功率时,应注意下列问题:

1) 二瓦表法的接线原则是它们的电流线圈应分别串入任意两根端线,电流线圈和电压线圈的对应端(＊端)相连后必须接在电源侧,而它们的电压线圈的另一端则必须接到所余的第三根端线上。

2) 三相有功功率为两只瓦特表读数的代数和。其中,指针正偏者读数取正,指针反偏者读数取负。若负载为感性或容性,且当相位差 $\varphi > 60°$ 时,线路中的一只功率表指针将反偏(对于数字式功率表将出现负读数),这时应将功率表电流线圈的两个端子调换(不能调换电压线圈端子),而读数应记为负值。在图 2.10.2 中,二瓦表法两只功率表的接法是 (i_A, u_{AC}) 与 (i_B, u_{BC}),此外,还有另外两种连接方法,它们是 (i_B, u_{BA}) 与 (i_C, u_{CA}) 及 (i_A, u_{AB}) 与 (i_C, u_{CB})。

2. 无功功率测量

无功功率是指各相负载的无功功率之和,即

$$Q = Q_1 + Q_2 + Q_3$$

这是一个代数和,而在负载对称时,有 $Q = 3Q_1$,对称三相电路的无功功率可借助于瓦特表进行测量。这里以对称三相星形负载为例,并假定负载为感性来予以说明,在图 2.10.3 中按

$$\dot{U}_{AN} = U \angle 0°$$

绘出了其电压、电流的相量图。

(1) 二瓦表测定法。其测定方法与二瓦表法测取有功功率的测定方法相同。由图 2.10.2 所示的测量电路及图 2.10.3 所示的相量图可得两只瓦特表的读数为 P_1 和 P_2。P_1, P_2, Q 的计算式为

$$P_1 = U_{AC} I_A \cos(\widehat{\dot{U}_{AC} \dot{I}_A}) = U_L I_L \cos(30° - \varphi)$$

$$P_2 = U_{BC} I_B \cos(\widehat{\dot{U}_{BC} \dot{I}_B}) = U_L I_L \cos(30° - \varphi)$$

$$P_1 - P_2 = U_L I_L \cos(30° - \varphi) - U_L I_L \cos(30° + \varphi) = U_L I_L \sin\varphi$$

所以

$$Q = \sqrt{3} U_L I_L \sin\varphi = \sqrt{3}(P_1 - P_2)$$

(2) 一瓦表测定法。将瓦特表的电流线圈串入任意一根端线,电压线圈则跨接在另外两根端线之间,如图 2.10.4 所示。据其测量电路及图 2.10.3 所示的相量图可得此瓦特表的读数 P。

P, Q 的计算式为

$$P = U_{AC} I_B \cos(\widehat{\dot{U}_{AC} \dot{I}_B}) = U_L I_L \cos(90° + \varphi) = -U_L I_L \sin\varphi$$

所以

$$Q = \sqrt{3}\,U_{\text{L}} I_{\text{L}} \sin\varphi = \sqrt{3}\,\mid P\mid$$

除了图 2.10.4 所示给出的一种连接法 $(I_{\text{B}}, U_{\text{AC}})$ 外,还有另外两种连接法,即接成 $(I_{\text{A}}, U_{\text{BC}})$ 或 $(I_{\text{C}}, U_{\text{AB}})$。

如果以对称三相三角形负载为例进行分析,也能得出相同的结果。

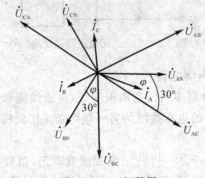
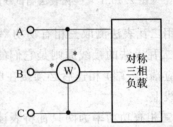

图 2.10.3　相量图　　　　　　　　　图 2.10.4　一瓦表法测无功功率

四、实验仪器及材料

实验仪器及材料如表 2.10.1 所示。

表 2.10.1　实验仪器及材料

序　号	名　称	型号与规格	数　量	备　注
1	三相交流电源	$0 \sim 220V$	1	实验屏 A 区
2	三相自耦调压器		1	实验屏 A 区
3	三相灯组负载	15W,220V 白炽灯		TKDG—04
4	电流插座		若干	TKDG—04
5	功率表		1	TKDG—06

五、实验电路及内容

1. 用一瓦表法测定 Y_0 形对称负载以及 Y_0 形不对称负载的总功率(ΣP)

实验按图 2.10.5 所示线路接线(线路中的电流表和电压表用以监视该相的电流和电压,不要超过功率表电压和电流的量程)。经指导教师检查后,接通三相电源,调节调压器输出,使输出线电压为 220V,按表 2.10.2 中的要求进行测量和计算。首先将三只表按图 2.10.5 所示接入 A 相进行测量,然后分别将三只表换接到 B 相和 C 相,再进行测量,数据记录在表 2.10.2 中。

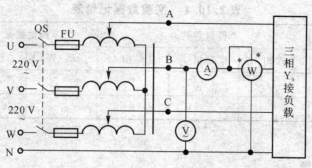

图2.10.5 一瓦表法测功率

表2.10.2 实验数据记录表

负载情况	开灯盏数			测量数据			计算值
	A相	B相	C相	P_A/W	P_B/W	P_C/W	$\Sigma P/W$
Y_0 接对称负载	3	3	3				
Y_0 接不对称负载	1	2	3				

2. 用二瓦表法测定三相负载的总功率

（1）按图2.10.6所示接线，将三相灯组负载接成 Y 形接法（线路中的电流表和电压表用以监视该相的电流和电压，不要超过功率表电压和电流的量程），经指导教师检查后，接通三相电源，调节调压器输出，使输出线电压为220V，按表2.10.3的要求进行测量及计算。

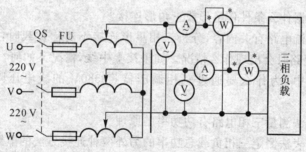

图2.10.6 二瓦表法测功率

表2.10.3 实验数据记录表

负载情况	开灯盏数			测量数据		计算值
	A相	B相	C相	P_1/W	P_2/W	$\Sigma P/W$
Y 接对称负载	3	3	3			
Y 接不对称负载	1	2	3			

（2）将图2.10.6中三相灯组负载改成 △ 形接法，重复（1）的测量步骤，按表2.10.4的要求进行测量和计算。

表 2.10.4　实验数据记录表

负载情况	开灯盏数			测量数据		计算值
	A 相	B 相	C 相	P_1/W	P_2/W	$\Sigma P/W$
△ 接不对称负载	1	2	3			
△ 接对称负载	3	3	3			

六、实验注意事项

(1) 本实验采用三相交流电,线电压降为 220V,实验时要注意人身安全,不可触及导电部件,防止意外事故发生。

(2) 每次接线完毕,同组同学应自查一遍,然后经指导教师检查后,方可接通电源。必须严格遵守先接线后通电,先断电后拆线的实验操作原则。

(3) 每次实验完毕,必须将三相调压器旋柄调回零位;每次改变线路必须断开三相电源,以确保人身安全。

七、实验报告

(1) 完成数据表格中的各项测量和计算任务,比较一瓦表和二瓦表法的测量结果。

(2) 总结、分析三相电路功率测量的方法与结果。

八、思考题

(1) 三相负载根据什么条件作星形或三角形连接?

(2) 复习三相交流电路有关内容,分析三相星形连接不对称负载时,在无中线的情况下,当某相负载开路或短路时会出现什么情况。如果接上中线,情况又如何?

(3) 在本次实验中,为什么要通过三相调压器将 380V 的线电压降为 220V 的线电压使用?

(4) 复习二瓦表法测量三相电路有功功率的原理。

(5) 画出用二瓦表法测定三相负载总功率的另外两种连接方法的电路图。

第3章 电动机及电气自动控制实验

3.1 三相鼠笼式异步电动机

一、实验目的

(1)熟悉三相鼠笼式异步电动机的结构和额定值。

(2)学习检验异步电动机绝缘情况的方法。

(3)学习三相异步电动机定子绕组首、末端的判别方法。

(4)掌握三相鼠笼式异步电动机的启动和反转方法。

二、预习要求

(1)鼠笼式三相异步电动机的结构和原理。

(2)二瓦表法测量三相功率的原理。

(3)空载和短路实验的意义及应注意的问题。

(4)测取鼠笼式三相异步电动机的工作特性的方法。

(5)鼠笼式三相异步电动机的启动、调速和改变转向。

三、实验原理

1. 三相鼠笼式异步电动机的结构

异步电动机是基于电磁原理把交流电能转换为机械能的一种旋转电机。

三相鼠笼式异步电动机的基本结构是由定子和转子两大部分组成的。定子主要由定子铁芯、三相对称定子绕组和机座等组成,是电动机的静止部分。三相定子绕组一般有六根引出线,出线端装在机座外面的接线盒内,如图3.1.1所示,根据三相电源电压的不同,三相定子绕组可以接成星形(Y)或三角形(△),然后与三相交流电源相连。

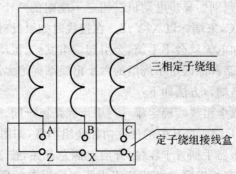

图 3.1.1 三相定子的内部连接

转子主要由转子铁芯、转轴、鼠笼式转子绕组、风扇等组成,是电动机的旋转部分。小容量鼠笼式异步电动机的转子绕组大都采用铝浇铸而成,冷却方式一般都采用扇冷式。

2.三相鼠笼式异步电动机的铭牌

三相鼠笼式异步电动机的额定值标记在电动机的铭牌上。表 3.1.1 所示就是本实验装置的三相鼠笼式异步电动机铭牌。

表 3.1.1　三相鼠笼式异步电动机铭牌

型　号	DQ20	电　压	380V/220V	接法	Y/△
功　率	180W	电　流	0.65A/1.13A	转速	1 400r/min
定　额	连　续				

其中:

(1)功率:额定运行情况下,电动机轴上输出的机械功率。

(2)电压:额定运行情况下,定子三相绕组应加的电源线电压值。

(3)接法:当额定电压为 380V/220V 时,定子三相绕组接法应为 Y/△。

(4)电流:额定运行情况下,当电动机输出额定功率时,定子电路的线电流值。

3.三相鼠笼式异步电动机的检查

在电动机使用前,应进行必要的检查。

(1)机械检查。检查引出线是否齐全、牢靠,转子转动是否灵活、匀称,是否有异常声响等。

(2)电气检查。

1)用兆欧表检查电机绕组间及绕组与机壳之间的绝缘性能。

电动机的绝缘电阻可以用兆欧表进行测量。对额定压 1kV 以下的电动机,其绝缘电阻值最低不得小于 1 000Ω/V,测量方法如图 3.1.2 所示。一般 500V 以下的中小型电动机最低应具有 2MΩ 的绝缘电阻。

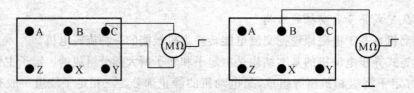

图 3.1.2　电机绝缘性能检查

2)定子绕组首、末端的判别。异步电动机三相定子绕组的六个出线端有三个首端和三个末端。一般首端标以 A,B,C,末端标以 X,Y,Z。在接线时如果没有按照首、末端的标记来接,那么当电动机启动时磁势和电流就会不平衡,会引起绕组发热、振动、有噪声,甚至电动机不能启动,因过热而烧毁。当因某种原因定子绕组的六个出线端标记无法辨认时,可以通过实验方法来判别其首、末端(即同名端),方法如下:

用万用电表电阻挡从六个出线端确定哪一对引线是属于同一相的,分别找出三相绕组,并标以符号,如 A,X;B,Y;C,Z。将其中的任意两相绕组串联,如图 3.1.3 所示。

将控制屏三相自耦调压器手柄置于零位,开启电源总开关,按下启动按钮,接通三相交流电源。调节调压器输出,使在相串联的两相绕组出线端施以单相低电压 U = 80～100V,测出第三相绕组的电压,如测得的电压值有一定读数,表示两相绕组的末端与首端相联,如图 3.1.3(a)所示。反之,如测得的电压近似为零,则两相绕组的末端与末端(或首端与首端)相联,如图 3.1.3(b)所示。用同样方法可测出第三相绕组的首末端。

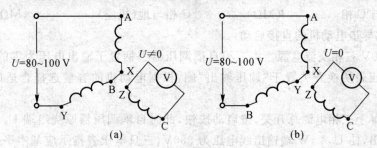

图 3.1.3　三相绕组图

4.三相鼠笼式异步电动机的启动

鼠笼式异步电动机的直接启动电流可达额定电流的 4～7 倍,但持续时间很短,不会引起电机过热而烧坏。但对容量较大的电机,过大的启动电流会导致电网电压的下降,从而影响其他负载的正常运行。通常采用降压启动,最常用的是 Y-△换接启动,它可使启动电流减小到直接启动的 1/3,其使用的条件是:在正常运行时,必须作△接法。

5.三相鼠笼式异步电动机的反转

异步电动机的旋转方向取决于三相电源接入定子绕组时的相序,故只要改变三相电源与定子绕组连接的相序,便使电动机改变旋转方向。

四、实验仪器及材料

实验仪器及材料见表 3.1.2。

表 3.1.2　实验仪器及材料

序　号	名　　称	型号与规格	数　量	备　注
1	可调三相交流电源	0～450V	1	
2	三相鼠笼式异步电动机	DQ20	1	
3	兆欧表	500V	1	自备
4	交流数字电压表	0～500V	1	
5	交流数字电流表	0～5A	1	
6	万用表		1	自备

五、实验电路及内容

(1)抄录三相鼠笼式异步电动机的铭牌数据,并观察其结构。

(2)用万用表判别定子绕组的首、末端。

(3)用兆欧表测量电动机的绝缘电阻。

各相绕组之间的绝缘电阻　　　绕组对地(机座)之间的绝缘电阻

A 相与 B 相　　　　　(MΩ)　　　　A 相与地(机座)　　　　(MΩ)

A 相与 C 相　　　　　(MΩ)　　　　B 相与地(机座)　　　　(MΩ)

B 相与 C 相　　　　　(MΩ)　　　　C 相与地(机座)　　　　(MΩ)

(4)鼠笼式异步电动机的直接启动。

1)采用 380V 三相交流电源。将三相自耦调压器手柄置于输出电压为零的位置,在控制屏上把三相电压表切换开关置于"调压输出"侧,根据电动机的容量选择合适的交流电流表量程。

开启控制屏上三相电源总开关,按启动按钮,此时自耦调压器原绕组端 U_1,V_1,W_1 得电,调节调压器输出,使 U,V,W 端输出线电压为 380V,三只电压表指示应基本平衡。保持自耦调压器手柄位置不变,按停止按钮,自耦调压器断电。

a.按图 3.1.4 所示接线,电动机三相定子绕组接成 Y 接法,供电线电压为 380V。实验线路中 Q1 和 FU 由控制屏上的接触器 KM 和熔断器 FU 代替,学生可由 U,V,W 端子开始接线,以后各控制实验均如此。

b.按控制屏上的启动按钮,电动机直接启动,观察启动瞬间电流冲击情况和电动机旋转方向,记录启动电流。启动运行稳定后,将电流表量程切换至较小量程的挡位上,记录空载电流。

c.电动机稳定运行后,突然拆出 U,V,W 中的任一相电源(注意小心操作,以免触电),观测电动机作单相运行时电流表的读数,并记录之。再仔细倾听电机的运行声音有何变化(可由指导教师作示范操作)。

d.电动机启动之前先断开 U,V,W 中的任一相,作缺相启动,观测电流表读数,记录之,观察电动机是否启动,再仔细倾听电动机是否发出异常的声响。

e.实验完毕,按控制屏停止按钮,切断实验线路三相电源。

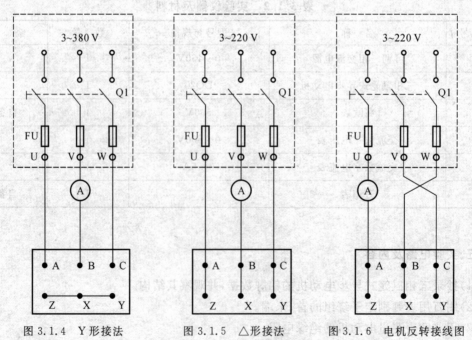

图 3.1.4　Y 形接法　　　图 3.1.5　△形接法　　　图 3.1.6　电机反转接线图

2)采用 220V 三相交流电源。调节调压器输出使输出线电压为 220V,电动机定子绕组接成△形接法。按图 3.1.5 所示接线,重复(1)中各项内容,记录之。

(5)异步电动机的反转。电路如图 3.1.6 所示,按控制屏启动按钮,启动电动机,观察启动电流及电动机旋转方向是否反转。

实验完毕,将自耦调压器调回零位,按控制屏停止按钮,切断实验线路三相电源。

六、实验注意事项

(1)本实验系强电实验,接线前(包括改接线路)和实验后都必须断开实验线路的电源,特别改接线路和拆线时必须遵守"先断电,后拆线"的原则。电机在运转时,电压和转速均很高,切勿触碰导电和转动部分,以免发生人身和设备事故。为了确保安全,学生应穿绝缘鞋进入实验室。接线或改接线路必须经指导教师检查后方可进行实验。

(2)启动电流持续时间很短,且只能在接通电源的瞬间读取电流表指针偏转的最大读数(因指针偏转的惯性,此读数与实际的启动电流数据略有误差),如错过这一瞬间,需将电动机停车,待停稳后,重新启动,再读取数据。

(3)单相(即缺相)运行时间不能太长,以免过大的电流导致电机的损坏。

七、实验报告

(1)总结对三相鼠笼式异步电动机绝缘性能检查的结果,判断该电机是否完好可用。

(2)对三相鼠笼式异步电动机的启动、反转及各种故障情况进行分析。

八、思考题

(1)如何判断异步电动机的六个引出线,如何连接成 Y 形或△形,又根据什么来确定该电动机作 Y 形接或△形接?

(2)缺相是三相电动机运行中的一大故障,在启动或运转时发生缺相,会出现什么现象?有何后果?

(3)电动机转子被卡住不能转动,如果定子绕组接通三相电源将会发生什么后果?

3.2 三相鼠笼式异步电动机点动和自锁控制

一、实验目的

(1)通过对三相鼠笼式异步电动机点动控制和自锁控制线路的实际安装接线,掌握由电气原理图变换成安装接线图的知识。

(2)通过实验进一步理解点动控制和自锁控制的特点。

二、预习要求

(1)复习三相异步电动机点动和自锁控制线路的工作原理。

(2)理解点动、自锁以及短路保护、过载保护和零压保护的概念。

三、实验原理

(1)继电-接触控制在各类生产机械中获得广泛的应用,凡是需要进行前后、上下、左右、进退等运动的生产机械,均采用传统的典型的正、反转继电-接触控制。

交流电动机继电-接触控制电路的主要设备是交流接触器,其主要构造如下:

1)电磁系统——铁芯、吸引线圈和短路环。

2)触头系统——主触头和辅助触头,还可按吸引线圈得电前后触头的动作状态,分动合(常开)、动断(常闭)两类。

3)消弧系统——在切断大电流的触头上装有灭弧罩,以迅速切断电弧。

4)接线端子,反作用弹簧等。

(2)在控制回路中常采用接触器的辅助触头来实现自锁和互锁控制。要求接触器线圈得电后能自动保持动作后的状态,这就是自锁,通常用接触器自身的动合触头与启动按钮相并联来实现,以达到电动机的长期运行,这一动合触头称为"自锁触头"。使两个电器不能同时得电动作的控制,称为互锁控制,如果为了避免正、反转两个接触器同时得电而造成三相电源短路事故,必须增设互锁控制环节。为了方便操作,也为了防止因接触器主触头长期大电流的烧蚀而偶发触头黏连后造成的三相电源短路事故,通常在具有正、反转控制的线路中采用既有接触器的动断辅助触头的电气互锁,又有复合按钮机械互锁的双重互锁的控制环节。

(3)控制按钮通常用于短时通、断小电流的控制回路,以实现近、远距离控制电动机等执行部件的起、停或正、反转控制。按钮是专供人工操作使用。对于复合按钮,其触点的动作规律是:当按下时,其动断触头先断,动合触头后合;当松手时,则动合触头先断,动断触头后合。

(4)在电动机运行过程中,应对可能出现的故障进行保护。

采用熔断器作短路保护,当电动机或电器发生短路时,及时熔断熔体,达到保护线路、保护电源的目的。熔体熔断时间与流过的电流关系称为熔断器的保护特性,这是选择熔体的主要依据。

采用热继电器实现过载保护,使电动机免受长期过载之危害。其主要的技术指标是整定电流值,即电流超过此值的 20% 时,其动断触头应能在一定时间内断开,切断控制回路,动作后只能由人工进行复位。

(5)在电气控制线路中,最常见的故障发生在接触器上。接触器线圈的电压等级通常有 220V 和 380V 等,使用时必须认清,切勿因电压过高而烧坏线圈;电压过低,吸力不够,不易吸合或吸合频繁,这不但会产生很大的噪声,也因磁路气隙增大,致使电流过大,也易烧坏线圈。此外,在接触器铁芯的部分端面嵌有短路铜环,其作用是为了使铁芯吸合牢靠,消除颤动与噪声。若发现短路环脱落或断裂现象,接触器将会产生很大的振动与噪声。

四、实验仪器及材料

实验仪器及材料见表 3.2.1。

表 3.2.1　实验仪器及材料

序　号	名　　称	型号与规格	数　量	备　注
1	可调三相交流电源	0~450V		
2	三相鼠笼式异步电动机	DQ20	1	

续　表

序　号	名　　称	型号与规格	数　量	备　注
3	交流接触器		1	TKDG—14
4	按　钮		2	TKDG—14
5	热继电器	D9305d	1	TKDG—14
6	交流数字电压表	0～500V		
7	万用表		1	自　备

五、实验电路及内容

认识各电器的结构、图形符号、接线方法,抄录电动机及各电器铭牌数据,并用万用表电阻挡检查各电器线圈、触头是否完好。

鼠笼机接成△形,实验线路电源端接三相自耦调压器输出端 U,V,W,供电线电压为 380V。

1.点动控制

按图 3.2.1 所示的点动控制线路进行安装接线,接线时,先接主电路,即从 380V 三相交流电源的输出端 U,V,W 开始,经接触器 KM 的主触头,热继电器 FR 的热元件到电动机 M 的三个线端 A,B,C,用导线按顺序串联起来。主电路连接完整无误后,再连接控制电路,即从 380V 三相交流电源某输出端(如 V)开始,经过常开按钮 SB1、接触器 KM 的线圈、热继电器 FR 的常闭触头到三相交流电源另一输出端(如 W)。显然这是对接触器 KM 线圈供电的电路。接好线路,经指导教师检查后,方可进行通电操作。

(1)开启控制屏电源总开关,按启动按钮,调节调压器输出,使输出线电压为 380V。

(2)按启动按钮 SB1,对电动机 M 进行点动操作,比较按下 SB1 与松开 SB1 电动机和接触器的运行情况。

(3)实验完毕,按控制屏停止按钮,切断实验线路三相交流电源。

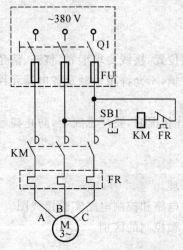

图 3.2.1　点动控制电路

2.自锁控制电路

按图 3.2.2 所示的自锁线路进行接线,它与图 3.2.1 所示的不同点在于:控制电路中多串联 1 只常闭按钮 SB2,同时在 SB1 上并联 1 只接触器 KM 的常开触头,它起自锁作用。接好线路经指导教师检查后,方可进行通电操作。

(1)按控制屏启动按钮,接通 380V 三相交流电源。

(2)按启动按钮 SB1,松手后观察电动机 M 是否继续运转。

(3)按停止按钮 SB2,松手后观察电动机 M 是否停止运转。

(4)按控制屏停止按钮,切断实验线路三相电源,拆除控制回路中自锁触头 KM,再接通三相电源,启动电动机,观察电动机及接触器的运转情况,从而验证自锁触头的作用。

实验完毕,将自耦调压器调回零位,按控制屏停止按钮,切断实验线路的三相交流电源。

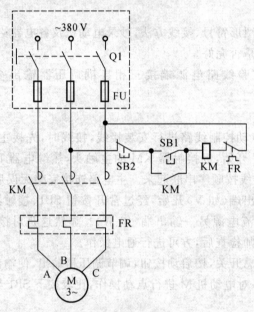

图 3.2.2 自锁控制电路

六、实验注意事项

(1)接线时合理安排挂箱的位置,接线要求牢靠、整齐、清楚、安全可靠。

(2)操作时要胆大、心细、谨慎,不允许用手触及各电器元件的导电部分及电动机的转动部分,以免触电或意外损伤。

(3)通电后,观察继电器动作情况时,要注意安全,防止碰触带电部位。

七、实验报告

(1)简述实验线路的工作原理。

(2)根据电气原理图画出主电路和控制电路实验接线图。

(3)分析点动控制和电气自锁控制的区别。

八、思考题

(1)试比较点动控制线路与自锁控制线路,从结构上看主要区别是什么,从功能上看主要区别是什么?

(2)自锁控制线路在长期工作后可能出现失去自锁作用。试分析产生此现象的原因。

(3)在主回路中,熔断器和热继电器热元件是否可少用一只或两只? 熔断器和热继电器两者是否只采用其中一种就可起到短路和过载保护作用? 为什么?

3.3 三相鼠笼式异步电动机正反转控制

一、实验目的

(1)通过对三相鼠笼式异步电动机正反转控制线路的安装接线,掌握由电气原理图接成实际操作电路的方法。

(2)加深对电气控制系统各种保护、自锁、互锁等环节的理解。

(3)学会分析、排除继电-接触控制线路故障的方法。

二、预习要求

(1)复习三相异步电动机正反转控制线路的工作原理。

(2)理解自锁、互锁的概念以及短路保护、过载保护和零压保护的概念。

三、实验原理

在鼠笼机正反转控制线路中,通过相序的更换来改变电动机的旋转方向。本实验给出两种不同的正反转控制线路,分别如图 3.3.1、图 3.3.2 所示,具有如下特点:

(1)电气互锁 。为了避免接触器 KM1(正转)、KM2(反转)同时得电吸合造成三相电源短路的情况,在 KM1(KM2)线圈支路中串接有 KM1(KM2)动断触头,它们保证了线路工作时KM1,KM2 不会同时得电(见图 3.3.1),以达到电气互锁目的。

(2)电气和机械双重互锁。除电气互锁外,可再采用复合按钮 SB1 与 SB2 组成的机械互锁环节(见图 3.3.2),以求线路工作更加可靠。

(3)线路具有短路、过载、欠压保护等功能。

四、实验仪器及材料

实验仪器及材料见表 3.3.1。

表 3.3.1 实验仪器及材料

序　号	名　　称	型号与规格	数　量	备　　注
1	可调三相交流电源	0～450V		
2	三相鼠笼式异步电动机	DQ20	1	
3	交流接触器	JZC4—40	2	TKDG—14
4	按　钮		3	TKDG—14
5	热继电器	D9305d	1	TKDG—14
6	交流数字电压表	0～500V	1	
7	万用表		1	自备

五、实验电路及内容

认识各电器的结构、图形符号、接线方法,抄录电动机及各电器铭牌数据,并用万用电表电阻挡检查各电器线圈、触头是否完好。

鼠笼机接成△接法,实验线路电源端接三相自耦调压器,输出端 U,V,W,供电线电压为 380V。

1.接触器连锁的正反转控制线路

按图 3.3.1 所示接线,经指导教师检查后,方可进行通电操作。

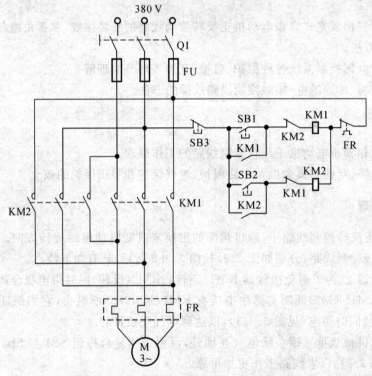

图 3.3.1 接触器连锁的正反转控制线路

(1)开启控制屏电源总开关,按启动按钮,调节调压器输出,使输出线电压为 380V。

(2)按正向启动按钮 SB1,观察并记录电动机的转向和接触器的运行情况。

(3)按反向启动按钮 SB2,观察并记录电动机和接触器的运行情况。

(4)按停止按钮 SB3,观察并记录电动机的转向和接触器的运行情况。

(5)再按 SB2,观察并记录电动机的转向和接触器的运行情况。

(6)实验完毕,按控制屏停止按钮,切断三相交流电源。

2.接触器和按钮双重连锁的正反转控制线路

按图 3.3.2 所示接线,经指导教师检查后,方可进行通电操作。

(1)按控制屏启动按钮,接通 380V 三相交流电源。

(2)按正向启动按钮 SB1,电动机正向启动,观察电动机的转向及接触器的动作情况。按停止按钮 SB3,使电动机停转。

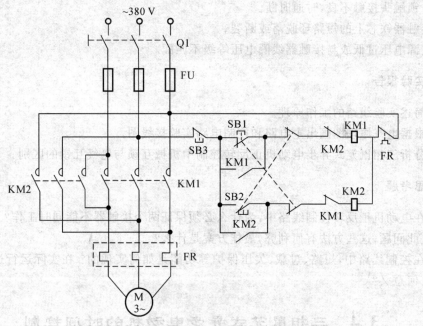

图 3.3.2　接触器和按钮双重联锁的正反转控制线路

（3）按反向启动按钮 SB2，电动机反向启动，观察电动机的转向及接触器的动作情况。按停止按钮 SB3，使电动机停转。

（4）按正向（或反向）启动按钮，电动机启动后，再去按反向（或正向）启动按钮，观察有何情况发生。

（5）电动机停稳后，同时按正、反向两只启动按钮，观察有何情况发生。

（6）失压与欠压保护。

1）按启动按钮 SB1（或 SB2）电动机启动后，按控制屏停止按钮，断开实验线路三相电源，模拟电动机失压（或零压）状态，观察电动机与接触器的动作情况，随后，再按控制屏上启动按钮，接通三相电源，但不按 SB1（或 SB2），观察电动机是否能自行启动。

2）重新启动电动机后，逐渐减小三相自耦调压器的输出电压，直至接触器释放，观察电动机是否自行停转。

（7）过载保护。打开热继电器的后盖，电动机启动后，人为地拨动双金属片模拟电动机过载情况，观察电机、电器动作情况。

注意：此项内容，较难操作且危险，有条件可由指导教师做示范操作。

实验完毕，将自耦调压器调回零位，按控制屏停止按钮，切断实验线路电源。

六、故障分析

（1）接通电源后，按启动按钮（SB1 或 SB2），接触器吸合，但电动机不转且发出"嗡嗡"声响，或者虽能启动，但转速很慢。这种故障大多是因为主回路一相断线或电源缺相造成的。

（2）接通电源后，按启动按钮（SB1 或 SB2），接触器通断频繁，且发出连续的噼啪声或吸合不牢，发出颤动声，造成此类故障可能原因如下：

1）线路接错，将接触器线圈与自身的动断触头串在一条回路上了。

2)自锁触头接触不良,时通时断。

3)接触器铁芯上的短路环脱落或断裂。

4)电源电压过低或与接触器线圈电压等级不匹配。

七、实验报告

(1)简述实验线路的工作原理。

(2)根据电气原理图画出主电路和控制电路实验接线图。

(3)分析三相鼠笼式异步电动机正反转控制中机械互锁与电气互锁的区别。

八、思考题

(1)在电动机正反转控制线路中,为什么必须保证两个接触器不能同时工作?采用哪些措施可解决此问题,这些方法有何利弊,最佳方案是什么?

(2)在控制线路中,短路、过载、欠压保护等功能是如何实现的?在实际运行过程中,这几种保护有何意义?

3.4 三相鼠笼式异步电动机的时间控制

一、实验目的

(1)进一步提高按图接线的能力。

(2)熟悉时间继电器的结构与工作原理,掌握其正确使用方法。

(3)掌握两台三相鼠笼式异步电动机按时间原则控制电路。

二、预习要求

(1)复习时间继电器的工作原理。

(2)预习本实验电路原理。

(3)预习思考题提出的各个问题。

三、实验原理

(1)按时间原则控制电路的特点是各个动作之间有一定的时间间隔,使用的原件主要是时间继电器。时间继电器是一种延时动作的继电器,它从接收信号(如线圈带电)到执行动作(如触点动作)具有一定的时间间隔,此时间间隔可按时间预先整定,以协调和控制生产机械的各种动作。

时间继电器的种类通常有电磁式、电动式、空气式和电子式等。其基本功能可分两类,即通电延时式和断电延时式。有的还带有瞬时动作的触头。时间继电器的延时时间通常可在 $0.4\sim80s$ 范围内调节。

(2)按时间原则控制三相鼠笼式异步电动机的顺序启动的继电-接触控制线路如图3.4.1所示。

按下 SB1,KM1 线圈通电使 KM1 动作,主触点吸合,电机 M1 启动,常开辅助触点闭合实现自锁。同时 KT 线圈通电,常开延时闭合触点延时闭合,则 KM2 通电动作,M2 延时启动。

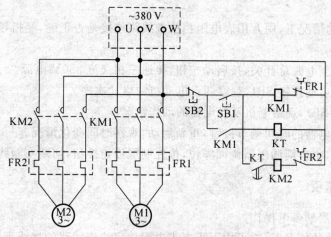

图 3.4.1 时间控制电路

四、实验仪器及材料

实验仪器及材料见表 3.4.1。

表 3.4.1 实验仪器及材料

序 号	名 称	型号与规格	数 量	备 注
1	可调三相交流电源	0~450V		
2	三相鼠笼式异步电动机	DQ20	1	
3	交流接触器		1	TKDG—14
4	按 钮		2	TKDG—14
5	热继电器	D9305d	1	TKDG—14
6	交流数字电压表	0~500V		
7	万用表		1	自备

五、实验电路及内容

1.观察时间继电器的结构

揭开继电接触控制挂箱 TKDG—14 面板,观察空气阻尼式时间继电器的结构,认清电磁线圈和延时动合、动断触头的接线端子。用手推动时间继电器衔铁模拟继电器通电吸合动作,用万用表电阻挡测量触头的通与断,以此来判定触头延时动作的时间。通过调节进气孔螺钉,即可整定所需的延时时间。

2.实现电动机延时启动

两台三相鼠笼式异步电机接成△形接法,实验线路电源端接三相自耦调压器输出端 U,V,W,供电线电压为 380V。

（1）按图 3.4.1 所示线路进行接线，先接主回路，再接控制回路，要求从左到右，从上到下，逐行连接。

（2）在不通电的情况下，用万用表电阻挡检查线路连接是否正确，经指导老师检查后，方可通电实验。

1）开启控制屏上电源总开关，按启动按钮，接通三相交流 380V 电源。

2）按控制回路启动按钮 SB1，观察两台电动机的启动次序。

3）按停止按钮 SB2，观察电机及各电器的动作情况。

4）调节时间继电器的时间调节按键，重新启动，观察时间变化情况。

5）实验完毕后，将自耦调压器调回零位，按控制屏停止按钮，切断实验线路电源。

六、实验注意事项

（1）注意安全，严禁带电操作。

（2）只有在断电的情况下，方可用万用电表电阻挡来检查线路的接线正确与否。

七、实验报告

（1）简述实验线路的工作原理。

（2）根据电气原理图画出主电路和控制电路的实验接线图。

（3）分析时间继电器中通电延时闭合触点和普通常开触点的区别。

八、思考题

（1）空气式通电延时的时间继电器与断电延时的时间继电器有何区别，其动作过程分别是怎样的？

（2）实验所设计的控制为两台电机按顺序启动，若要使两台电机按顺序停车将如何实现？

3.5 三相鼠笼式异步电动机 Y-△ 降压启动控制

一、实验目的

（1）进一步提高按图接线的能力。

（2）了解时间继电器的结构、使用方法、延时时间的调整及在控制系统中的应用。

（3）熟悉异步电动机 Y-△ 降压启动控制的运行情况和操作方法。

二、预习要求

（1）采用 Y-△ 降压启动对鼠笼电动机有何要求？

（2）降压启动的自动控制线路与手动控制线路相比较，有哪些优点？

三、实验原理

（1）按时间原则控制电路的特点是各个动作之间有一定的时间间隔，使用的元件主要是时间继电器。时间继电器是一种延时动作的继电器，它从接受信号（如线圈带电）到执行动作（如触点动作)具有一定的时间间隔。此时间间隔可按需要预先整定,以协调和控制生产机械的各种动作。时间继电器的种类通常有电磁式、电动式、空气式和电子式等。其基本功能可分为两类,即通电延时式和断电延时式,有的还带有瞬时动作式的触头。时间继电器的延时时间通常可在 0.4~80s 范围内调节。

（2）按时间原则控制三相鼠笼式电动机 Y-△降压自动换接启动的控制线路如图 3.5.1 所示。

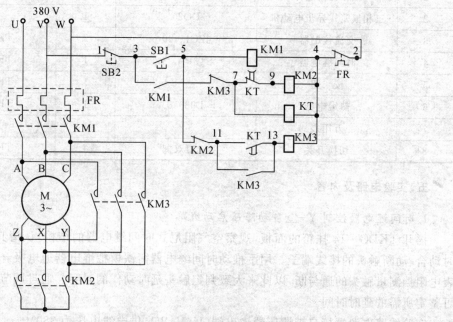

图 3.5.1　Y-△降压自动换接启动的控制线路

从主回路看,当接触器 KM1,KM2 主触头闭合,KM3 主触头断开时,电动机三相定子绕组作 Y 连接;而当接触器 KM1 和 KM3 主触头闭合,KM2 主触头断开时,电动机三相定子绕组作△连接。因此,所设计的控制线路若能先使 KM1 和 KM2 得电闭合,后经一定时间的延时,使 KM2 失电断开,而后使 KM3 得电闭合,则电动机就能实现降压启动后自动转换到正常工作运转。图 3.5.1 所示的控制线路能满足上述要求。该线路具有以下特点:

（1）接触器 KM3 与 KM2 通过动断触头 KM3(5−7)与 KM2(5−11)实现电气互锁,保证 KM3 与 KM2 不会同时得电,以防止三相电源的短路发生事故。

（2）依靠时间继电器 KT 延时动合触头(11−13)的延时闭合作用,保证在按下 SB1 后,使 KM2 先得电,并依靠 KT(7−9)先断,KT(11−13)后合的动作次序,保证 KM2 先断,而后再自动接通 KM3,也避免了换接时电源可能发生的短路事故。

（3）本线路正常运行(△接)时,接触器 KM2 及时间继电器 KT 均处于断电状态。

（4）由于实验装置提供的三相鼠笼式异步电动机每相绕组额定电压为 220V,而 Y-△换接启动的使用条件是正常运行时电机必须作△形接法,故实验时,应将自耦调压器输出端(U,V,W)电压调至 220V。

四、实验仪器及材料

实验仪器及材料见表 3.5.1。

表 3.5.1　实验仪器及材料

序　号	名　称	型号与规格	数　量	备　注
1	三相交流电源	0～450V	1	
2	三相鼠笼式异步电动机	DQ20	1	
3	交流接触器	JZC4—40	2	TKDG—14
4	时间继电器	ST3PA—B	1	TKDG—14
5	按　钮		1	TKDG—14
6	热继电器	D9305d	1	TKDG—14
7	万用表		1	自　备
8	切换开关	三刀双掷	1	TKDG—17

五、实验电路及内容

1. 时间继电器控制 Y-△ 自动降压启动线路

摇开 TKDG—14 挂箱的面板,观察空气阻尼式时间继电器的结构,认清其电磁线圈和延时动合、动断触头的接线端子。用手推动时间继电器衔铁模拟继电器通电吸合动作,用万用电表电阻挡测量触头的通与断,以此来大致判定触头延时动作的时间。通过调节进气孔螺钉,即可整定所需的延时时间。

实验线路电源端接自耦调压器输出端(U,V,W),供电线电压为 380V。

(1) 按图 3.5.1 所示线路进行接线,先接主回路,后接控制回路。要求按图示的节点编号从左到右、从上到下,逐行连接。

(2) 在不通电的情况下,用万用电表电阻挡检查线路连接是否正确,特别注意 KM2 与 KM3 两个互锁触头 KM3(5—7)与 KM2(5—11)是否正确接入。经指导教师检查后,方可通电。

(3) 开启控制屏电源总开关,按控制屏启动按钮,接通 380V 三相交流电源。

(4) 按启动按钮 SB1,观察电动机的整个启动过程及各继电器的动作情况,记录 Y-△ 换接所需时间。

(5) 按停止按钮 SB2,观察电机及各继电器的动作情况。

(6) 调整时间继电器的整定时间,观察接触器 KM2,KM3 的动作时间是否相应地改变。

(7) 实验完毕,按控制屏停止按钮,切断实验线路电源。

2. 接触器控制 Y-△ 降压启动线路

按图 3.5.2 所示线路接线,经指导教师检查后,方可进行通电操作。

(1) 按控制屏启动按钮,接通 380V 三相交流电源。

(2) 按下按钮 SB2,电动机作 Y 接法启动,注意观察启动时,电流表最大读数 $I_{Y启动}$ = _____ A。

(3) 稍后,待电动机转速接近正常转速时,按下按钮 SB2,使电动机为 △ 形接法正常运行。

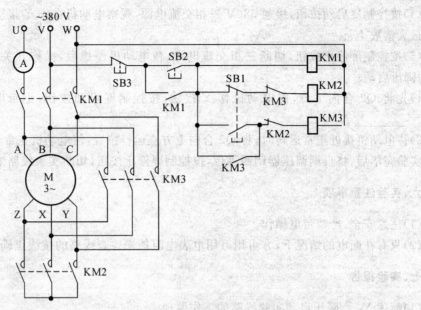

图 3.5.2　接触器控制 Y-△降压启动线路

(4)按停止按钮 SB3,电动机断电停止运行。

(5)先按按钮 SB2,再按铵钮 SB1,观察电动机在△形接法直接启动时的电流表最大读数 $I_{△启动}$＝_____ A。

(6)实验完毕,将三相自耦调压器调回零位,按控制屏停止按钮,切断实验线路电源。

3.手动控制 Y-△降压启动控制线路

按图 3.5.3 所示线路接线。

(1)开关 Q2 合向上方,使电动机为△形接法。

(2)按控制屏启动按钮,接通 380V 三相交流电源,观察电动机在△形接法直接启动时,电流表最大读数 $I_{△启动}$＝_____ A。

(3)按控制屏停止按钮,切断三相交流电源,待电动机停稳后,开关 Q2 合向下方,使电动机为 Y 形接法。

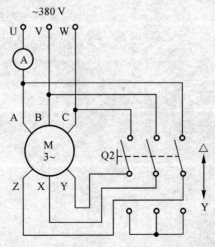

图 3.5.3　手动控制 Y-△降压启动控制接线图

(4)按控制屏启动按钮,接通 380V 三相交流电源,观察电动机在作 Y 接法直接启动时,电流表最大读数 $I_{Y启动}$ = _____ A。

(5)按控制屏停止按钮,切断三相交流电源,待电动机停稳后,操作开关 Q2 使电动机作 Y-△降压启动。

1)先将 Q2 合向下方,使电动机作 Y 接法,按控制屏启动按钮,记录电流表最大读数 $I_{Y启动}$ = _____ A。

2)待电动机接近正常运转时,将 Q2 合向上方△运行位置,使电动机正常运行。

实验完毕后,将自耦调压器调回零位,按控制屏停止按钮,切断实验线路电源。

六、实验注意事项

(1)注意安全,严禁带电操作。

(2)只有在断电的情况下,方可用万用电表电阻挡来检查线路的接线正确与否。

七、实验报告

(1)简述 Y-△降压启动实验线路的工作原理。

(2)根据电气原理图画出主电路和控制电路实验接线图。

(3)分析 Y-△降压启动时,启动线电流与电动机正常工作时线电流的大小关系。

八、思考题

(1)如果要用一只断电延时式时间继电器来设计异步电动机的 Y-△降压启动控制线路,试问三个接触器的动作次序应作如何改动,控制回路又应如何设计?

(2)控制回路中的一对互锁触头有何作用? 若取消这对触头对 Y-△降压换接启动有何影响,可能会出现什么后果?

第4章 模拟电子技术实验

4.1 电子技术常用实验仪器使用练习

一、实验目的

双踪示波器、函数信号发生器和交流毫伏级电压表、万用表是电子技术实验常用的仪器，熟悉并正确使用这些测试仪器是电子、信控类专业的基本要求。通过实验：

(1)了解示波器、函数信号发生器和交流毫伏级电压表的工作原理及主要技术指标。

(2)掌握上述仪器面板上各旋钮或按键的功能。

(3)学习正确使用上述仪器进行电子线路测试的方法。

二、预习要求

(1)阅读第 6 章 6.2,6.3,6.4 中关于函数信号发生器、示波器及交流毫伏级电压表的内容介绍,了解各仪器面板旋钮或按键的位置及功能。

(2)认真阅读本节实验内容,思考思考题中提出的有关问题。

(3)思考题。

1)函数信号发生器的电压幅度由哪些按键、旋钮调节?

2)函数信号发生器显示的电压是有效值还是峰峰值?

3)交流毫伏级电压表测量的电压是有效值还是峰峰值?

4)电压峰峰值的表达符号是(   )。有效值的表达符号是(   )。

5)交流毫伏级电压表测量电压后可以直接从测量点断开吗,为什么,应该怎样做?

6)交流毫伏级电压表测量电压时:

a. 量程选择 1×10^n 挡,选择内标尺还是外标尺来读取电压?

b. 量程选择 3×10^n 挡,选择内标尺还是外标尺来读取电压?

6)示波器无波形显示,要检查和调整哪些按键和旋钮?

7)用示波器定量测量电压和频率时,微调旋钮置于什么位置?

8)当波形水平移动或成网状波形时,应调整哪个旋钮?

三、实验仪器

(1)示波器。

(2)函数信号发生器。

(3)交流毫伏级电压表。

四.实验电路及内容

1.函数信号发生器的使用练习

仔细观察函数信号发生器面板上的按键、旋钮及标识。打开电源开关,"波形选择"选择正弦波(指示灯亮),与本实验无关的占空比、扫频、电平按键弹出(指示灯灭)。通过表 4.1.1 中设定参数的练习,了解函数信号发生器频率的调节及电压幅度各挡位的调节范围。

(1)频率的调节。调整电源开关右侧的频率选择按键和"频率调节""频率微调"旋钮,仪器上方的显示屏前半部分显示的是频率值。

(2)电压幅度的调节。调节"衰减"按键和"幅度"旋钮,显示屏后半部分显示的是电压的峰峰值 U_{P-P}。

表 4.1.1 函数信号发生器使用练习记录表

频 率	衰减(按键)	幅度旋钮	
		左旋到头(MIN) 显示屏显示的峰峰值 U_{P-P}	右旋到头(MAX) 显示屏显示的峰峰值 U_{P-P}
2kHz	0dB(20dB,40dB 均弹出)		
	20dB(20dB 按下,40dB 弹出)		
	40dB(20dB 弹出,40dB 按下)		
	60dB(20dB,40dB 均按下)		

(3)电压调节练习。根据表 4.1.1 中电压的调整范围,思考表 4.1.2 中的电压需要选择多大的衰减,并调节出所列电压。

表 4.1.2 函数信号发生器使用练习记录表

频 率	10kHz		
衰减按键/dB			
峰峰值电压 U_{P-P}	6V	0.4V	20mV

2.交流毫伏级电压表的使用练习

交流毫伏级电压表是测量正弦交流电压有效值的测量仪器,其面板由量程选择开关和表头两部分组成。彩色标识表达的是电压分贝值(即 dB),在此我们只学习电压有效值(黑色标识)的测量方法。

(1)电压测量方法。表头上镜面弧度外标尺刻度为 0~1.0,内标尺刻度为 0~3.0。量程值即为标尺的最大值。

例:当量程确定在 300mV 时,外标尺的最大值 1.0 和内标尺的最大值 3.0 都代表300mV。从内标尺的最大值 3.0(代表 300mV)往回读到指针对应的值就是测量值。这时,若选择外标尺 1.0(代表 300mV)则要换算。

当量程确定在 10V 时,指针若在外标尺的 0.7 处,外标尺的最大值 1.0 即代表 10V,往回读,则测得的电压为 7V。这时若选择内标尺 3.0(代表 10V)也要进行换算。

(2)仪器使用注意：

1)交流毫伏级电压表平常置于 10V 以上量程。测量时,从大(10V)到小调整至使表针停在大于满刻度的 1/3 范围内。

2)测量结束,量程须调回到 10V 以上,再分别断开测量端和共地端,以免外界电场电压干扰损坏表针。

3)共地的概念,在用电子仪器测量时,测量仪器的地线端(黑色)必须与被测仪器(或电路)的地线连接在一起,如图 4.1.1 所示。

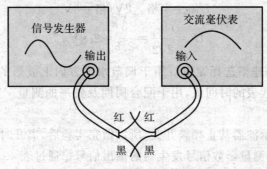

图 4.1.1 仪器连接图

(3)电压测量练习。将量程调至 10V 以上,打开电源,用交流毫伏级电压表测量函数信号发生器的输出电压。根据表 4.1.3 设定的参数练习使用交流毫伏级电压表测量正弦交流电压的有效值,区分有效值电压 U 和峰峰值电压 U_{P-P},它们的换算关系是 $U=\dfrac{U_{P-P}}{2\sqrt{2}}$。

(4)总结量程和内外标尺满刻度的对应关系。

表 4.1.3 交流毫伏级电压表使用练习

函数信号发生器显示屏显示		交流毫伏级电压表		
频率 f	峰峰值 U_{P-P}	理论 U	量程	测量值 U
500Hz	6V			
	240mV			

3.示波器的使用练习

(1)仔细观察示波器面板上的按键、旋钮及标识,并按下列要求进行设置:

1)垂直部分"方式"方框中的按键是根据待测信号从通道 1(CH1)或通道 2(CH2)接入做出相应选择。

2)DC/AC 根据测试信号来确定,输入交流时,AC 置弹出位置。

3)水平部分"触发方式"锁定"自动和常态"键,即按下"自动和常态"键。

4)触发选择按键点亮"常态"和对应的通道 CH1 或 CH2。

5)其余按键均弹出。

(2)示波器重点旋钮的使用介绍。

1)辉度旋钮调节亮度,聚焦旋钮调节线条粗细,通常已经调整到位。位移旋钮置于中间,可根据需要进行调整。

2)微调旋钮:定量测量时,要求该旋钮必须左旋到底,置于"校准"位置(即灯灭);否则,测量数据不准确。

3)电平旋钮:当波形水平移动或成网状波形时,调整"电平"旋钮,使其与被测信号同步。

4)VOLTS/DIV(垂直灵敏度选择旋钮):用于垂直方向上调节波形的高度,其指向值表示当前垂直方向上一大格所代表的电压值,用来配合测量电压。

例:波形在显示屏垂直方向上占 4 格,VOLTS/DIV 旋钮指向 2V/格,则

电压峰峰值为 $$U_{\text{P-P}} = 4\ 格 \times 2\text{V}/格 = 8\text{V}$$

电压有效值为 $$U = \frac{U_{\text{P-P}}}{2\sqrt{2}} = \frac{8}{2.8} \approx 2.9\text{V}$$

5)SEC/DIV(X 扫描速率选择旋钮):用于调节水平方向上波形的个数,其指向值表示当前水平方向上一大格所代表的时间值,用于配合周期及频率的测量。其测量方法与电压测量类似。

(3)仪器使用注意:示波器禁止频繁开关,所以做完实验后,离开时再关电源。

(4)练习使用示波器测量函数信号发生器的输出信号。通过表 4.1.4 设定参数,学习使用示波器观察并测量一个待测信号。

表 4.1.4　示波器使用练习

函数信号发生器	频率	5kHz	1kHz
	电压峰峰值 $U_{\text{P-P}}$	2V	300mV
示波器	电压峰峰值所占格数		
	VOLTS/DIV 旋钮指向值		
	电压峰峰值 $U_{\text{P-P}}$		
	电压有效值 U		
	波形一个周期所占格数		
	SEC/DIV 旋钮指向值		
	波形周期 T		
	计算波形频率 f		

(5)总结示波器测量电压和频率的方法。

4.应用练习题(选做)

(1)用函数信号发生器和交流毫伏级电压表调出一个 1kHz/5V 的正弦信号。

(2)用函数信号发生器和示波器调出一个 10kHz/100mV 的正弦信号。

五、实验报告

(1)记录并填写指导书中的各项表格。

(2)讨论实验中产生的现象。

(3)回答思考题。

六、思考题

(1)函数信号发生器的输出幅度调节影响频率调节吗？

(2)当用交流毫伏级电压表测量某一电压时：

1)表针只有略微偏转,这是什么原因？怎么办？

2)表针右偏,超出刻度线,并停在右端,这是什么原因？怎么办？

(3)当按某一要求获得函数信号发生器输出电压时,先选择好了交流毫伏级电压表的量程,再调节函数信号发生器输出调节旋钮时,交流毫伏级电压表表现出：

1)表针略有偏转,这是什么原因？怎么办？

2)输出幅度旋钮稍右旋,表针迅速右偏超出刻度,卡在右端。这是什么原因？怎么办？

(4)在使用示波器时,要达到下列要求,应调节哪些旋钮？

1)波形上下移动。

2)波形左右移动。

3)波形稳定。

4)改变波形显示个数。

5)改变波形显示高度。

(5)当一台性能完好的示波器出现如图 4.1.2 所示的波形现象时,指出产生的原因,为了使波形清晰、稳定,应调节哪些旋钮？

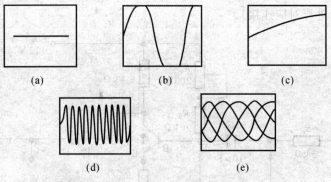

图 4.1.2　示波器出现的波形现象

4.2　单级交流放大电路

一、实验目的

(1)掌握交流放大电路静态工作点的调试、测量方法。

(2)学会测量放大电路电压放大倍数的方法。

(3)理解静态工作点 Q 对放大电路性能的影响。

(4)进一步熟悉常用电子仪器的使用方法。

二、预习要求

(1)阅读实验内容,了解实验项目、方法、所用仪器仪表及注意事项。

(2) 阅读《模拟电子技术》中关于静态工作点 Q、电压放大倍数 A_u 的概念。

(3) 思考静态工作点 I_{CQ}，U_{CEQ} 如何测量。

(4) 完成以下各题：

1) 通过调整（　　　　）改变静态工作点？

2) U_{CEQ} 是（　　　）极和（　　　）极之间的（　　　）电压。用（　　　）表测量。

3) U_i 和 U_o 的测点在（　　　　），用（　　　）仪器测量。

4) 函数信号发生器和实验电路以及示波器、毫伏级电压表怎样连接，画出连接草图。

5) U_o 是（　　　　　）电压，U_L 是（　　　　　）电压。

三、实验仪器及材料

(1) 模拟电路实验箱和电路板。

(2) 函数信号发生器。

(3) 交流毫伏级电压表。

(4) 示波器。

(5) 数字万用表。

四、实验电路及内容

实验线路如图 4.2.1 所示。接通＋12V电源（即将实验电路U_{CC}及接地端口分别与实验箱＋12V及接地端口进行对应连接）。

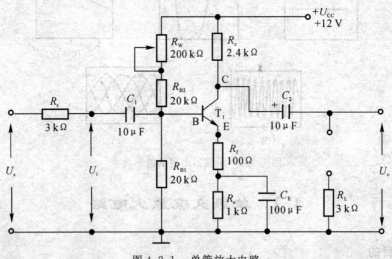

图 4.2.1　单管放大电路

1. 静态工作点 Q 的调整与测量

(1) 用万用表直流电压挡监测三极管集电极 C 与发射极 E 之间的电压，调整可调电阻R_W，使 $U_{CEQ} = 5 \sim 6V$，这时放大电路已有合适的静态工作点。

(2) 保持 U_{CEQ} 电压不变，测量基极－发射极电压 U_{BEQ}，集电极电阻 R_C 两端的电压 U_{R_C} 和三极管基极 B、集电极 C、发射极 E 分别对地的电压 U_{BQ}，U_{CQ}，U_{EQ}，并计算 I_{CQ}。将测量和计算结果填入表 4.2.1 中。

（3）注意：使用万表测量电压时，要选择合适的量程。若被测电压超过所选量程，则显示"1"。

表 4.2.1　放大电路的静态值

测量值						计算值
U_{CEQ}	U_{BEQ}	U_{R_C}	U_{EQ}	U_{BQ}	U_{CQ}	$I_{CQ} = U_{R_C}/R_C$

2.电压放大倍数 A_u 的测量

（1）将函数信号发生器设置为 $f = 1\text{kHz}, U_{P-P} = 0.4\text{V}$ 的正弦信号并接到 U_s 与接地端（GND）之间。

（2）用示波器监测输出波形（若波形失真，调整 R_w，使波形不失真），用交流毫伏级电压表分别测量 U_i 对地电压、放大电路负载开路（不接负载电阻 R_L）的输出电压 U_o 及接上负载电阻（$R_L = 3\text{k}\Omega$）的输出电压 U_L，把测量结果填入表 4.2.2 中，并计算放大倍数 A_u。

（3）使用仪器时应注意：万用表测量的交流电压频率范围在 $30 \sim 400\text{Hz}$，交流毫伏级电压表测量范围在 $5 \sim 2\text{MHz}$。所以，本实验中的输入和输出电压不能用万用表交流挡测量。

表 4.2.2　U_i 和 U_o 测量及 A_u 的计算

函数信号发生器	输入信号	输出信号实测值		实测计算放大倍数		理论计算 A_u（$\beta = 60$）	
U_s	U_i	U_o ($R_L \to \infty$)	U_L ($R_L = 3\text{k}\Omega$)	A_u	A_{uL}	A_u	A_{uL}
$f = 1\text{kHz}, U_{P-P} = 0.4\text{V}$							

3.静态工作点 Q 的改变对输出波形 U_o 的影响

（1）输入 U_i 保持不变，用示波器监测输出 U_o 波形，左旋 R_w 可调电阻，将会观察到失真的波形，记录该波形的形状，并用万用表直流电压挡测量 U_{CEQ}, U_{BEQ} 和 U_{R_C}，将测量数据填入表 4.2.3 中。

（2）右旋 R_w 可调电阻，将会观察到另一种失真的波形，记录该波形形状，测量 U_{CEQ}, U_{BEQ} 和 U_{R_C}，并计录在表 4.2.3 中。

（3）根据实验结果判断哪种失真是饱和失真，哪种是截止失真。

表 4.2.3　工作点的改变对放大电路的影响

R_w 可调电阻	Q 点的位置				画出 U_o 波形	判断失真类型
	U_{CEQ}	U_{BEQ}	U_{R_C}	$I_{CQ} = U_{R_C}/R_C$		
左旋至波形失真						
右旋至波形失真						

五、实验报告要求

（1）画出实验线路图。

（2）根据内容整理实验数据及波形图，列出相关公式和实验数据处理过程及结果，填写表格。

（3）归纳并总结实验。

4.3　差分放大电路

一、实验目的

（1）通过实验加深理解差分放大电路的工作原理。

（2）学习差分放大电路的调整方法和性能指标的测试。

二、预习要求

（1）阅读《模拟电子技术》中关于差分放大电路的有关内容。

（2）对图 4.3.1 所示的实验线路的静态工作点及差模放大倍数 A_{ud}（设所有三极管的 $\beta=60$）进行计算。

（3）分别画出差模信号输入与共模信号输入的电路图。

三、实验仪器及材料

（1）模拟电路实验箱和电路板。

（2）函数信号发生器。

（3）交流毫伏级电压表。

（4）示波器。

（5）数字万用表。

（6）元器件：三极管、电阻、电位器、电容若干。

四、实验电路及内容

实验线路如图 4.3.1 所示。

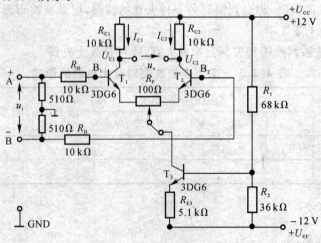

图 4.3.1　差分放大电路

电源 $U_{CC}(+12V)$，$U_{EE}(-12V)$ 和接地（GND）端口分别与实验箱直流稳压电源的相应端口连接，检查无误后打开电源开关。

电路调零：用导线连接 A，B 两点，使输入端短路，用万用表监测 U_{C1} 和 U_{C2} 之间的电压，调整电位器 R_P，使其为零（即双端输出电压 $U_o=0$）。

1. 静态工作点的测量

用万用表测量 T_1，T_2，T_3 管各极对地的电压，并记录在表 4.3.1 中。

表 4.3.1　各管的静态值

各点电位	T_1 管		T_2 管		T_3 管	
	理论计算值	实测值	理论计算值	实测值	理论计算值	实测值
U_C						
U_B						
U_E						

2. 测量差模电压放大倍数

（1）双端输入时差模电压放大倍数 A_{ud} 的测量。输入端接入直流电压信号 $U_A=0.1V$，$U_B=-0.1V$（从实验箱的两个可调直流信号源分别调节得到，接入电路后复测，并调整到要求值），这时加在放大电路上的差模输入电压 $U_{id}=U_A-U_B=0.2V$。用万用表分别测量单端输出电压 U_{oC1}，U_{oC2}（T_1 管和 T_2 管集电极 C 对地的电压）及双端输出电压 U_o（T_1 管和 T_2 管集电极 C 之间的电压），并把测量数据填入表 4.3.2 中。

根据表 4.3.2 中的要求，计算出单端输出和双端输出时的差模电压放大倍数 A_{ud}。

表 4.3.2　双端输入直流信号时的差模电压放大倍数

双端输入信号		单端输出实测值		双端输出实测值
U_A	U_B	U_{oC1}	U_{oC2}	U_o
0.1V	$-0.1V$			
$U_{id}=U_A-U_B=$ $0.1V-(-0.1V)=$ $0.2V$		单端输出信号值		双端输出信号值
		$U_{o1}=U_{oC1}-U_{C1}$	$U_{o2}=U_{oC2}-U_{C2}$	$U_o=U_{o1}-U_{o2}$
		单端输出电压放大倍数计算值		双端输出电压放大倍数计算值
		$A_{ud1}=\dfrac{U_{o1}}{U_{id}}$	$A_{ud2}=\dfrac{U_{o2}}{U_{id}}$	$A_{ud}=\dfrac{U_{o1}-U_{o2}}{U_{id}}$

注：表中 U_{C1} 是 T_1 管的静态值。

（2）单端输入时差模电压放大倍数 A_{ud} 的测量。

1）B 端接地，A 端输入 0.2V 直流电压信号。测量单端输出电压和双端输出电压，按要求填入表 4.3.3 中，计算单端输入时的单端输出和双端输出的电压放大倍数 A_{ud}，并与双端输入的电压放大倍数 A_{ud} 进行比较。

表 4.3.3　单端输入直流信号时的差模电压放大倍数

单端输入信号	单端输出实测值		双端输出实测值
	U_{oC1}	U_{oC2}	U_o
	单端输出信号值		双端输出信号值
	$U_{o1} = U_{oC1} - U_{C1}$	$U_{o2} = U_{oC2} - U_{C2}$	$U_o = U_{o1} - U_{o2}$
$U_i = U_A = 0.2V$	单端输出电压放大倍数计算值		双端输出电压放大倍数计算值
	$A_{ud1} = \dfrac{U_{o1}}{U_i}$	$A_{ud2} = \dfrac{U_{o2}}{U_i}$	$A_{ud} = \dfrac{U_{o1} - U_{o2}}{U_i}$

2)B 端接地,从 A 端输入 200 mV/1 kHz 的正弦波信号。分别测量 T_1 管和 T_2 管交流输出电压 U_{o1} 和 U_{o2},观察相位,并与输入波形进行比较,按要求填入表 4.3.4 中,分别计算单端输入时的单端输出和双端输出的交流电压放大倍数 A_{ud},并与双端输入的放大倍数 A_{ud} 进行比较。

表 4.3.4　单端输入交流信号时的差模电压放大倍数

单端输入的交流正弦信号	实测值		计算值	
	单端输出信号		单端输出电压放大倍数	双端输出电压放大倍数
$U_i = 200\,mV$ $f = 1kHz$	U_{o1}	U_{o2}	$A_{ud1} = \dfrac{U_{o1}}{U_i}$　$A_{ud2} = \dfrac{U_{o2}}{U_i}$	$A_{ud} = \dfrac{U_{o1} - U_{o2}}{U_i}$

3. 测量共模电压放大倍数

将 A,B 两点用导线相连,构成共模信号输入端。把直流信号源调节到 0.5V,接入 A 或 B 端,按表 4.3.5 中的要求测量单端输出电压 U_{o1} 和 U_{o2},分别计算单端输出和双端输出的共模电压放大倍数,再计算共模抑制比 $K_{CMR} = \left| \dfrac{A_{ud}}{A_{uc}} \right|$。

表 4.3.5　共模电压放大倍数和 K_{CMR}

共模输入信号	单端输出实测值		双端输出实测值	共模抑制比
	U_{oC1}	U_{oC2}	U_o	K_{CMR}
	单端输出信号值		双端输出信号值	
	$U_{o1} = U_{oC1} - U_{C1}$	$U_{o2} = U_{oC2} - U_{C2}$	$U_o = U_{o1} - U_{o2}$	
$U_i = 0.5V$	单端输出电压放大倍数计算值		双端输出电压放大倍数计算值	
	$A_{uC1} = \dfrac{U_{o1}}{U_i}$	$A_{uC2} = \dfrac{U_{o2}}{U_i}$	$A_{uC} = \dfrac{U_o}{U_i}$	

五、实验报告

(1) 整理实验数据,写出数据处理过程,并填写表格。

(2) 比较静态、差模放大倍数的理论值与实测值。

(3) 总结差分放大电路抑制零漂的原理。

六、思考题

(1) 为什么做差分放大电路实验要先对电路进行"调零",怎么调?

(2) 能否把交流毫伏级电压表跨接在 U_{o1} 和 U_{o2} 之间测量双端输出? 为什么?

4.4　负反馈放大电路

一、实验目的

(1) 了解两级阻容耦合放大电路。

(2) 研究负反馈对放大电路性能的影响。

(3) 掌握负反馈放大电路性能的测试方法。

二、预习要求

(1) 认真阅读实验内容要求,估计待测内容的变化趋势。

(2) 若三极管的 $\beta = 60$,计算放大电路的开环与闭环的电压放大倍数。

(3) 思考:在实验中,交流信号从哪里接入? 输出用什么仪器测量?

三、实验仪器及材料

(1) 模拟电路实验箱和电路板。

(2) 函数信号发生器。

(3) 交流毫伏级电压表。

(4) 示波器。

(5) 数字万用表。

(6) 元器件:三极管、电阻、电位器、电容若干。

四、实验电路及内容

1. 实验准备

连接实验电路板中三条没有接通的线路:

(1) 左端 $5.1k\Omega$ 和 51Ω 中点与 U_i 之间的连线。

(2) T_1 管集电极电阻 R_{C1} 和电源线(即 mA 两端插口)之间的连线。

(3) T_1 管构成的第一级和 T_2 管构成的第二级之间的连线(连接虚线两端)。

(4) 检查电路无误后接通 +12V 电源。

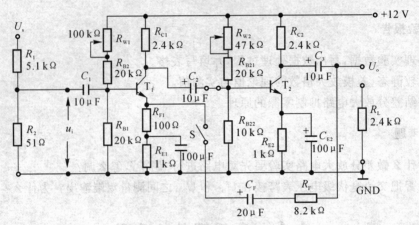

图 4.4.1　负反馈放大电路

2.静态工作点 Q 的调整和测量

分别调整 R_{W1} 和 R_{W2},使得 T_1 管集电极与发射极之间的电压 U_{CE1} 和 T_2 管的集电极与发射极之间的电压 U_{CE2} 均在 $5 \sim 6V$ 之间(用万用表直流电压挡监测),测量 T_1 管和 T_2 管的各极静态工作电压,并把测量数据填入表 4.4.1 中。根据测量数据,计算出 I_{CQ} 的值。

表 4.4.1　放大电路的静态值

U_{CEQ1}	U_{CQ1}	U_{RC1}	计算 I_{CQ1}	U_{CEQ2}	U_{CQ2}	U_{RC2}	计算 I_{CQ2}

3.负反馈放大电路开环放大倍数 A_u 和闭环放大倍数 A_{uF} 的测量

(1) 开环放大电路。

1) 通过开关 S 断开 R_F,C_F 反馈支路(开环,构成两级基本放大电路)。

2)U_s 对地接入 $f = 1kHz$,电压有效值 $U_s = 100mV$(交流毫伏级电压表监测) 的正弦波信号。

3) 分压电路说明:因为常规测量小信号时外界干扰大,误差大,输入端 U_i 前特别设置 $5.1k\Omega$ 和 51Ω(实验板左侧)构成分压电路,则

$$U_i = \frac{R_2}{R_1 + R_2} U_s = \frac{51\Omega}{5.1k\Omega + 51\Omega} U_s = \frac{1}{100} U_s = 1mV$$

通过分压,输入电压 $U_i = 1mV$。

4) 用示波器分别观察输出不接负载($R_L \to \infty$)和接上负载 $R_L = 3\Omega$)的输出电压 U_o(可用交流毫伏级电压表测量)。若失真,调整静态工作点使波形不失真。

5) 将测量结果填入表 4.4.2 中,根据实测值计算 A_u。

表 4.4.2　负反馈放大电路开环 A_u 与闭环 A_{uF}

R_F,C_F	R_L	U_i	U_o	$A_u(A_{uF})$
开环	∞	1mV		
	$3k\Omega$	1mV		
闭环	∞	1mV		
	$3k\Omega$	1mV		

(2) 闭环放大电路。

1) 接通 R_F, C_F 反馈支路, 构成电压串联负反馈。输入信号不变, 测量输出不接负载($R_L \to \infty$) 和接上负载($R_L = 3k\Omega$) 的输出电压 U_o。

2) 将测量结果填入表 4.4.2 中, 计算 A_{uF}。

3) 总结负反馈电路对放大倍数的影响, 根据实测结果, 验证 $A_{uf} \approx \dfrac{1}{F}$, F 为反馈系数。

4. 放大电路通频带 BW 的测量

放大电路的通频带 $BW = f_H - f_L$。

(1) 开环通频带 BW: 断开 R_F, C_F 支路, 负载 $R_L \to \infty$。

1) 测量上限频率 f_H: 保持输入信号 U_s(100mV) 不变, 用示波器监测 U_o 的值, 逐步调高输入信号的频率(即函数信号发生器的频率), 直至 U_o 降到原来 U_o 的 70%(注意用毫伏级电压表监测 U_s, 要保持 U_s=100mV 不变), 此时函数信号发生器上所显示的频率, 即为放大电路的上限频率 f_H。将测量结果记录在表 4.4.3 中。

2) 测量下限频率 f_L: 逐步调低输入信号的频率, 直至 U_o 降到原来 U_o 的 70%, 此时函数信号发生器上所显示的频率, 即为放大电路的下限频率 f_L, 将测量结果记录在表 4.4.3 中。

(2) 闭环通频带 BW: 接通 R_F, C_F 支路, 负载 $R_L = \infty$。

测量上限频率 f_H 和下限频率 f_L 的方法同上。将测量结果记录在表 4.4.3 中。

表 4.4.3   负反馈放大电路的频率特性

频率特性	f_H	f_L
开　环		
闭　环		

5. 负反馈对非线性失真的改善作用

(1) 断开 R_F, C_F 支路, 使放大电路工作在开环状态。同时用示波器观察输出电压 U_o 的波形, 逐步加大输入信号 U_s 的幅度, 直至放大电路的 U_o 出现失真, 记录失真波形和 U_s 的幅值。

(2) 保持(1) 中 U_s 的幅度不变, 将 R_F, C_F 支路接通, 使放大电路工作在闭环状态, 观察 U_o 失真的波形是否得到改善, 记录 U_o 的波形, 从而理解负反馈能改善放大电路的非线性失真。

五、实验报告

(1) 整理实验数据, 分析实验中出现的问题。

(2) 根据实验内容总结负反馈对放大电路的影响。

六、思考题

(1) 两级放大电路的静态工作点相互有影响吗?

(2) 在实验中, 若要调整静态工作点, 是否要加反馈支路, 为什么?

(3) 将实验测得的值与理论值比较, 分析误差产生的原因。

4.5 集成运算放大器的线性应用

一、实验目的

(1) 加深对集成运算放大器模拟运算功能的理解。

(2) 认识和学习集成运算放大电路的基本测试方法。

二、预习要求

(1) 阅读《模拟电子技术》中关于集成运算放大器基本运算电路的有关章节。

(2) 计算实验电路中电压跟随器、比例放大器的电压增益。

(3) 计算实验电路中加法器、减法器的输出电压。

三、实验仪器及材料

(1) 模拟电路实验箱和电路板。

(2) 数字万用表。

(3) 元器件:集成运算放大器741、电阻若干。

四、实验电路及内容

实验电路接 + 12V 和 − 12V 电源(+ U_{CC}，− U_{CC} 及接地分别与实验箱直流稳压电源 + 12V，− 12V 及接地连接),检查无误后打开电源开关。

根据表 4.5.1 中对输入信号 U_i 的要求,分别调整实验箱直流可调信号源对地电压,将调整好的电压接入电路并复测,测量输出 U_o。将结果记录在表 4.5.1 中。

1. 电压跟随电路

实验电路如图 4.5.1 所示,按表 4.5.1 中的内容进行实验并记录实验数据。

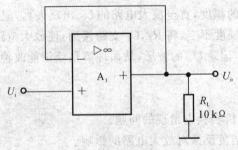

图 4.5.1 电压跟随电路

表 4.5.1 电压跟随电路实验数据记录表

直流输入信号 U_i		− 2V	− 0.5V	0V	+ 0.5V	+ 1V
U_o/V	理论值					
	实测值					

2.反相比例放大电路

实验电路如图 4.5.2 所示,按表 4.5.2 中的内容进行实验并记录。

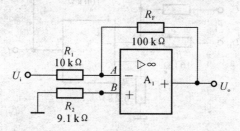

图 4.5.2　反相比例放大电路

表 4.5.2　反相比例放大电路实验数据记录表

直流输入信号 U_i	100 mV	200 mV	400 mV	0.6 V	1 V
U_o(理论值)					
U_o(实测值)					
误差 /mV					

3.同相比例放大电路

实验电路如图 4.5.3 所示,按表 4.5.3 中的内容进行实验并记录实验数据。

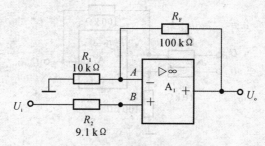

图 4.5.3　同相比例放大电路

表 4.5.3　同相比例放大电路实验数据记录表

直流输入信号 U_i	30 mV	100 mV	300 mV	0.6 V	1 V
U_o(理论值)					
U_o(实测值)					
误差 /mV					

4.加法运算电路(反相求和放大电路)

实验电路如图 4.5.4 所示,按表 4.5.4 中的内容进行实验并记录实验数据。

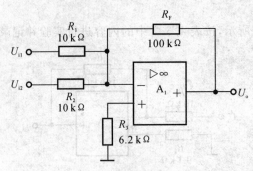

图 4.5.4　反相求和放大电路

表 4.5.4　加法运算电路实验数据记录表

	U_{i1}	0.3V	0.5V	−0.3V
	U_{i2}	0.2V	−0.1V	0.2V
U_o	理论值			
	实测值			

5.减法运算电路(双端输入求和放大电路)

实验电路如图 4.5.5 所示,按表 4.5.5 中的内容进行实验并记录实验数据。

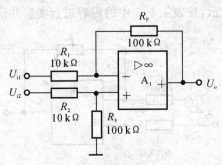

图 4.5.5　双端输入求和电路

表 4.5.5　减法运算电路实验数据记录表

	U_{i1}	1V	2V	0.2V
	U_{i2}	0.5V	1.8V	−0.2V
U_o	理论值			
	实测值			

五、实验报告

(1) 整理实验数据,并与理论值比较。

(2) 分析实验结果与理论计算之间误差产生的原因。

（3）总结集成运算放大器线性应用的规律。

六、思考题

（1）集成运算放大器电路对输入电压 U_i 值有无限定？

（2）图 4.5.2 中的 R_2 和图 4.5.3 中的 R_2 的作用是什么？如何确定？

4.6　正弦波振荡电路

一、实验目的

（1）掌握 RC 桥式正弦波振荡电路的构成及工作原理。

（2）熟悉正弦波振荡电路的调整和测试方法。

（3）观察 RC 参数对振荡频率的影响，学习振荡频率的测定方法。

二、预习要求

（1）复习 RC 桥式振荡电路的工作原理。计算电路振荡频率的理论值，并填入表4.6.1 中。

（2）思考题：

1）振荡电路需要外接信号吗？

2）在图 4.6.1 中，示波器应接在哪里，调节哪个电阻才能观察到振荡波形？

3）怎样测试闭环电压增益？

三、实验仪器及材料

（1）模拟电路实验箱和电路板。

（2）函数信号发生器。

（3）交流毫伏级电压表。

（4）示波器。

（5）数字万用表。

四、实验电路及内容

实验电路如图 4.6.1 所示。

1. 实验准备

电路由三部分组成：

（1）左端 15kΩ 电阻和 $0.01\mu F$ 电容组成选频网络。

（2）T_1 管和 T_2 管组成放大电路。

（3）反馈电阻 R_F。

实验板电路中的三条虚线两端对应相连构成完整电路。检查电路连接正确后，接通 ＋12V 电源。

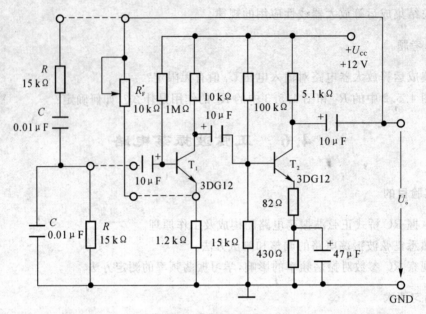

图 4.6.1 RC 桥式振荡电路

2.振荡电路的调节及测量

(1) 示波器监测输出波形,调节 R_F,使 U_o 无明显失真。

(2) 记录波形,测量输出电压 U_{o1} 及频率 f_{o1},并将结果记入表 4.6.1,与理论频率值 f 进行比较。

表 4.6.1 实验数据记录表

波 形	理论 f	实测 f_{o1}	实测 U_{o1}	U_i	A_{uF}

(3) 测定放大电路的闭环电压增益 A_{uF}。

1) 断开选频网络与放大器连接的两条线,构成如图 4.6.2 所示的闭环增益测量电路。

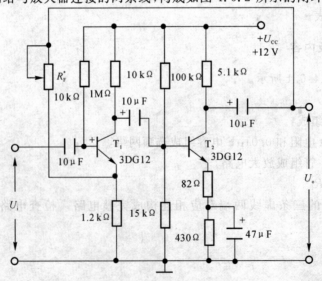

图 4.6.2 闭环增益测量电路

2）调节函数信号发生器的频率，使之等于振荡电路的振荡频率 f_{o1}，电压调到最小。

3）函数信号发生器的输出接到放大电路的输入端，示波器监测输出 U_o，调节函数信号发生器的幅度，使 $U_o = U_{o1}$，测量此时的 U_i 值，计算 $A_{uF} = \dfrac{U_o}{U_i}$，并将结果记录在表 4.6.1 中。

注意：改变参数前，必须先关断实验箱的电源开关，检查无误后，再接通电源。

五、实验报告

（1）分析实验电路中哪些参数与振荡频率有关。将振荡频率的实测值与理论估算值作比较，分析产生误差的原因。

（2）总结改变负反馈深度对振荡电路起振的幅值条件及对输出波形的影响。

六、思考题

（1）元件完好，接线正确，电源电压正常，而 $U_o = 0$，出现这种现象的原因是什么？应该怎么办？

（2）有波形输出，但出现了明显失真，应如何解决？

（3）图 4.6.1 中，正反馈支路由_____组成，这个网络具有_____特性，要改变振荡频率，只要改变_____或_____的数值即可。

第 5 章　数字电子技术实验

5.1　门电路逻辑功能及测试

一、实验目的

(1) 熟悉门电路的逻辑功能。
(2) 学习门电路的使用。

二、实验仪器及材料

(1) 数字电路实验箱。
(2) 二输入端四与非门 74LS00。

三、预习要求

(1) 熟悉如图 5.1.1 所示的 74LS00 的引脚图。
(2) 填出表 5.1.1 及表 5.1.2 的理论结果。
(3) 写出图 5.1.3 所示电路图的逻辑函数表达式并化简,填出表 5.1.3 的理论结果。

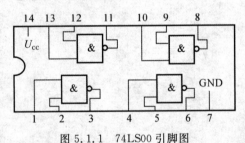

图 5.1.1　74LS00 引脚图

四、实验电路及内容

1. 74LS00 与非门逻辑功能检测
(1)U_{cc} 接 ＋5V,GND 接电源地。
(2) 与非门输入端接电平给定开关插座。
(3) 与非门输出端接电平显示灯插座。
(4) 按照表 5.1.1 所列内容检测门的逻辑功能,将测试结果填入表 5.1.1 中。
(5) 根据检测结果判断门的好坏。
2. 用 74LS00 中的与非门构成或门
操作说明:与非门的两个输入端相接构成非门。

表 5.1.1　与非门逻辑功能检测表

输　　入		输　　出	
1	2	3	
		理　　论	测　　试
0	0		
0	1		
1	0		
1	1		

(1) 实验电路如图 5.1.2 所示。

(2) 根据电路写出 Y 的函数表达式并化简，$Y=(A'B')'=A+B$。

(3) 根据表 5.1.2 测试电路的逻辑功能，并将测试结果记录在表中。

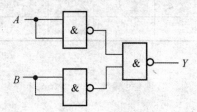

图 5.1.2　与非门构成的或门电路

表 5.1.2　与非门构成的或门电路的功能表

输　　入		输　　出	
A	B	Y	
		理　　论	测　　试
0	0		
0	1		
1	0		
1	1		

3. 与非门构成某特定功能的电路

(1) 实验电路如图 5.1.3 所示。

(2) 写出 Y 的逻辑函数表达式。

(3) 将测试结果填入表 5.1.3 中。

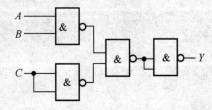

图 5.1.3　与非门构成的某个特定功能电路

表 5.1.3　与非门构成的某特定功能电路的功能表

输　　入			输　　出	
			Y	
A	B	C	理　　论	测　　试

五、实验报告

(1) 按照实验内容书写实验报告。

(2) 对每项实验数据进行分析、总结。

六、思考题

(1) 怎样判断门电路的好与坏？

(2) 怎样用 74LS00 构成或非门？

(3) 导致门电路不能正常工作的原因有哪几种？

5.2　译　码　器

一、实验目的

(1) 熟悉 74LS138 译码器。

(2) 学习集成译码器的应用。

二、实验仪器及材料

(1) 数字电路实验箱。

(2) 74LS138 集成电路。

三、预习要求

(1) 熟悉 74LS138 引脚图(见图 5.2.1)。

(2) 理解 74LS138 功能表。

（3）熟悉 4 线-16 线接线图，并掌握其工作原理。

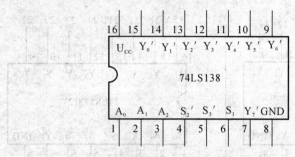

图 5.2.1 74LS138 引脚图

芯片说明：

（1）74LS138 是 3 线-8 线译码器，能将输入端的 8 组 3 位二进制代码依次分别译成对应的 8 个低电平输出信号。

（2）A_2，A_1，A_0——3 位二进制代码输入端。Y'_0，Y'_1，Y'_2，Y'_3，Y'_4，Y'_5，Y'_6，Y'_7——8 位译码结果输出端。S_1 和 S'_2，S'_3——使能端，当 S_1 置高电平"1"，且 S'_2 和 S'_3 置低电平"0"（$S'_2 + S'_3 = 0$）时译码，否则不译码。

四、实验内容

1.74LS138 功能验证

按表 5.2.1 验证 74LS138 的使能端功能和译码功能。

表 5.2.1 74LS138 功能验证

| 输 入 | | | | | | 输 出 | | | | | | | |
| 使 能 | | | 三位二进制码 | | | | | | | | | | |
S_1	S'_2	S'_3	A_2	A_1	A_0	Y'_0	Y'_1	Y'_2	Y'_3	Y'_4	Y'_5	Y'_6	Y'_7
×	1	×	×	×	×	1	1	1	1	1	1	1	1
0	×	×	×	×	×	1	1	1	1	1	1	1	1
1	0	0	0	0	0	0	1	1	1	1	1	1	1
1	0	0	0	0	1	1	0	1	1	1	1	1	1
1	0	0	0	1	0	1	1	0	1	1	1	1	1
1	0	0	0	1	1	1	1	1	0	1	1	1	1
1	0	0	1	0	0	1	1	1	1	0	1	1	1
1	0	0	1	0	1	1	1	1	1	1	0	1	1
1	0	0	1	1	0	1	1	1	1	1	1	0	1
1	0	0	1	1	1	1	1	1	1	1	1	1	0

2.两片 74LS138 级联扩展为 4 线-16 线译码器

74LS138 是 3 线-8 线译码器，利用其使能端特性，两片 74LS138 可以扩展为 4 线-16 线译码器。电路如图 5.2.2 所示,按图接线,将测试结果填入表 5.2.2 中。

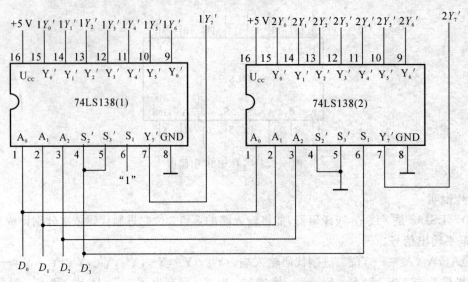

图 5.2.2   两片 74LS138 扩展成 4 线 - 16 线译码器

表 5.2.2   4 线 - 16 线译码器实验记录

输 入				输出 Y'_i															
D_3	D_2	D_1	D_0	Y'_0	Y'_1	Y'_2	Y'_3	Y'_4	Y'_5	Y'_6	Y'_7	Y'_8	Y'_9	Y'_{10}	Y'_{11}	Y'_{12}	Y'_{13}	Y'_{14}	Y'_{15}
0	0	0	0																
0	0	0	1																
0	0	1	0																
0	0	1	1																
0	1	0	0																
0	1	0	1																
0	1	1	0																
0	1	1	1																
1	0	0	0																
1	0	0	1																
1	0	1	0																
1	0	1	1																
1	1	0	0																
1	1	0	1																
1	1	1	0																
1	1	1	1																

五、实验报告要求

（1）根据实验内容书写实验报告。

（2）总结 74LS138 的使能端功能。

（3）阐述 3 线 - 8 线译码器扩展为 4 线 - 16 线译码器的工作原理。

六、思考题

74LS138 可以当作 2 线 - 4 线译码器使用吗？怎样连接？

5.3 异步计数器

一、实验目的

（1）了解 74LS90 异步计数器的内部结构。

（2）学习用 74LS90 构成的十进制计数器。

（3）熟悉其他进制计数器的构成。

二、实验仪器及材料

（1）数字电路实验箱。

（2）74LS90 芯片。

三、预习要求

（1）熟悉 74LS90 内部结构（见图 5.3.1）及引脚图（见图 5.3.2）。

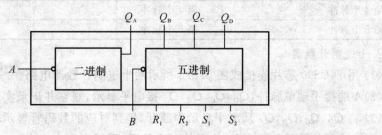

图 5.3.1　74LS90 的内部结构

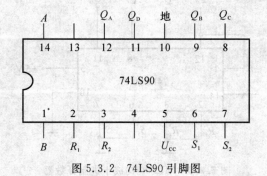

图 5.3.2　74LS90 引脚图

（2）画出 74LS90 的十进制引脚连线图，并计算理论值。

（3）画出 74LS90 的六进制引脚连线图及实验记录表。

（4）思考 74LS90 置"0"和置"9"端如何使用。

芯片说明：

R_1，R_2——置"0"端。均接高电平"1"时，S_1，S_2 有低电平"0"时，输出端被置为"0000"。

S_1，S_2——置"9"端。均接高电平"1"时，R_1，R_2 有低电平"0"时，输出端被置为"1001"。4 和 13 脚是空脚，不用。

四、实验内容

1. 对 74LS90 的内部结构认识

74LS90 内部由二进制和五进制两部分组成。

（1）验证二进制。R_1，R_2 和 S_1，S_2 均接低电平"0"，A 接手动脉冲，Q_A 接电平显示，按表 5.3.1 验证二进制。

（2）验证五进制。R_1，R_2 和 S_1，S_2 均接低电平"0"，B 接手动脉冲，Q_D，Q_C，Q_B，Q_A 接电平显示，按表 5.3.1 验证五进制。

表 5.3.1 二进制和五进制验证

二进制		五进制			
输 入	输 出	输 入	输 出		
$CP \to A$	Q_A	$CP \to B$	Q_D	Q_C	Q_B
0	0	0	0	0	0
第 1 个脉冲		第 1 个脉冲			
第 2 个脉冲		第 2 个脉冲			
第 3 个脉冲		第 3 个脉冲			
第 4 个脉冲		第 4 个脉冲			
第 5 个脉冲		第 5 个脉冲			

2. 十进制计数器

（1）用 74LS90 芯片连接成图 5.3.3 所示的十进制计数器电路。

（2）A 端接手动单脉冲，Q_D，Q_C，Q_B，Q_A 接电平显示，观察并记录实验结果。

（3）将 Q_D，Q_C，Q_B，Q_A 从电平显示中断开，接到对应的数码管显示输入端，输入 1 Hz 脉冲或手动脉冲，寻找数码显示和 BCD 码的对应关系，列于表 5.3.2 中。

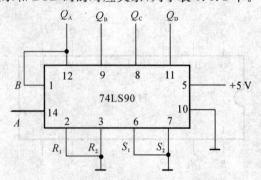

图 5.3.3　74LS90 构成十进制计数器

表 5.3.2　十进制计数器实验结果记录表

输入	输出				
$CP \to A$	Q_D	Q_C	Q_B	Q_A	数码显示
0	0	0	0	0	
CP1					
CP2					
CP3					
CP4					
CP5					
CP6					
CP7					
CP8					
CP9					
CP10					

3. 六进制计数器

接线原理图如图 5.3.4 所示。

电路说明:当计数到 6,即 $Q_D Q_C Q_B Q_A = 0110$ 时,R_1,R_2 同时为高电平"1",电路输出立即复位为"0000"。

(1)A 端接手动脉冲,Q_D,Q_C,Q_B,Q_A 接电平显示,观察并绘制表格,记录实验结果。

(2)A 端接 1Hz 自动脉冲,Q_D,Q_C,Q_B,Q_A 接数码显示,记录实验结果。

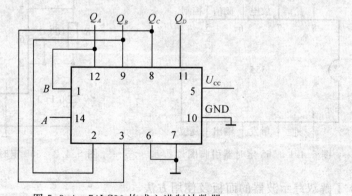

图 5.3.4　74LS90 构成六进制计数器

五、实验报告要求

根据实验内容书写实验报告。

六、思考题

(1) 用 74LS90 如何构成八进制计数器？画出电路图。

(2) 用 74LS90 如何构成六十或一百进制计数器？画出电路图。

(3) 计数器是通过记录什么来实现计数的？

(4) R 端和 S 端的功能是什么?

5.4 555 定时器构成多谐振荡电路

一、实验目的

(1) 熟悉如图 5.4.1 所示的 555 集成电路引脚图。

(2) 理解用 555 定时器构成的多谐振荡器及工作原理。

(3) 学习用双踪示波器观察并测量波形。

二、实验仪器及材料

(1) 数字电路实验箱。

(2) 双踪示波器。

(3) 555 集成电路。

三、预习要求

(1) 熟悉 555 集成电路引脚图(见图 5.4.1)及实验电路图(见图 5.4.2)。

图 5.4.1 555 定时器引脚图

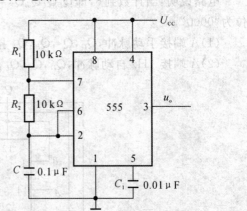

图 5.4.2 555 定时器构成多谐振荡器

(2) 了解双踪示波器的面板及使用方法。

(3) 根据公式

$$T_1 = (R_1 + R_2)C\ln 2$$
$$T_2 = R_2 C\ln 2$$
$$T = T_1 + T_2 = (R_1 + 2R_2)C\ln 2$$

计算出振荡电路的周期、频率及占空比。

(4) 画出电路的工作波形图(即 u_C 和 u_o 波形图)。

四、实验电路及内容

(1) 按图 5.4.2 所示连接电路。

(2) 用双踪示波器同时观察并记录 u_C 和 u_o 波形,测出 T_1, T_2 和 T 以及充放电所达的阈值电压,并在图上相应位置标出。注意:在测量时,示波器零电平的位置以及 u_C 和 u_o 波形的对应关系。

(3) 根据测量数据计算频率与占空比,并与理论值比较,分析误差。

(4) 若 $R_2 = 100\text{k}\Omega$ 或将电容 C 由 $0.1\mu\text{F}$ 换成 $0.01\mu\text{F}$ 会怎么样?试一试。

五、实验报告要求

(1) 按实验内容书写实验报告,分析实验结果。

(2) 总结频率与占空比的关系。

(3) 总结电路参数改变所带来的影响。

六、思考题

(1) 频率为 1Hz 的振荡电路,怎样观察输出?

(2) 占空比可调的电路如何构成?

第6章 实验设备及仪器介绍

6.1 常用元器件的标识介绍

一、电阻

电阻在电路中用"R"加数字表示,例如:R_1表示编号为1的电阻。电阻在电路中的主要作用是分流、限流、分压、偏置等,通常分为固定电阻器和可变电阻器。

1. 标识方法

电阻的单位为欧姆(Ω),简称欧,倍率单位有千欧($k\Omega$)、兆欧($M\Omega$)等。换算方法为

$$1M\Omega = 1\ 000 k\Omega = 1\ 000\ 000\Omega$$

(1)型号命名如下:

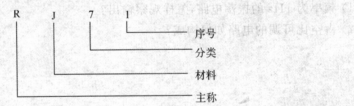

上述型号命名表示金属膜精密电阻器。

分类标志和材料标志的含义分别如表6.1.1和表6.1.2所示。

表6.1.1 分类标志的含义

数字类别	1	2	3	4	5	6	7	8	9
电阻	普通	普通	超高频	高阻	高温		精密	高压	特殊
字母类别	G		T	X		L	W		D
电阻	高功率		可调	小型		测量用	微调		多圈

表6.1.2 材料标志的含义

符号	材料含义	符号	材料含义
C	沉积膜	P	硼碳膜
H	合成膜	U	硅碳膜
I	玻璃釉膜	X	线绕
J	金属膜	Y	氧化膜
N	无机实芯	R	热敏
S	有机实芯	G	光敏
T	碳膜	M	压敏

(2)电阻标称值系列如表 6.1.3 所示。在我们国家广泛推广使用 E 系列对普通电阻进行标称,即某一电阻的阻值为标称值乘以 10^n,如 4.7 标称值,可有 $0.47\Omega, 4.7\Omega, 47\Omega, 470\Omega$, $4.7k\Omega$ 几种。

表 6.1.3　电阻标称值系列

E_{24}		E_{12}		E_6	
误差	±5%	误差	±10%	误差	±20%
	1.0		1.0		1.0
	1.1				
	1.2		1.2		
	1.3				
	1.5		1.5		1.5
	1.6				
	1.8		1.8		
	2.0				
	2.2		2.2		2.2
	2.4				
	2.7		2.7		
	3.0				
	3.3		3.3		3.3
	3.6				
	3.9		3.9		
	4.3				
	4.7		4.7		4.7
	5.1				
	5.6		5.6		
	6.2				
	6.8		6.8		6.8
	7.5				
	8.2		8.2		
	9.1				

(3)常用电阻允许误差等级,如表 6.1.4 所示。

表 6.1.4　电阻允许误差等级

允许误差	±0.5%	±1%	±2%	±5%	±10%	±20%
级　别	005	01	02	Ⅰ	Ⅱ	Ⅲ
类　别	精密型			普通型		

(4)电阻的额定功率。电阻额定功率的标准有 1/16 W,1/8 W,1/4 W,1/2 W,1 W,2 W,5 W,6 W,10 W,20 W 等。

2.色环电阻标识

色环电阻的标称值及误差均用不同的色环表示,如图 6.1.1 所示。普通精度的色环电阻误差≤±5%,一般采用 4 个色环表示。精密色环电阻误差≤±1%,一般采用 5 个色环表示。

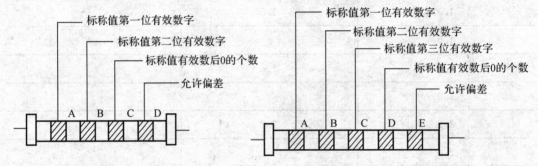

图 6.1.1　色环电阻标识

A 环:表示第一位数;B 环:表示第二位数;C 环:表示 10 的几次方;D 环:表示百分误差。电阻值的读法为:AB×(10 的 C 次方)±D。靠近电阻端部的一环为 A 环,如绿棕红金,其阻值为 5.1kΩ,误差为±5%。

普通精度四色环电阻的色环颜色与数值对照表如表 6.1.5 所示。

表 6.1.5　普通精度四色环电阻的色环颜色与数值对照表

色环颜色	第一色环	第二色环	第三色环	第四色环
	第一位数	第二位数	倍　率	误差范围
黑	0	0	$10^0 = 1$	
棕	1	1	$10^1 = 10$	
红	2	2	$10^2 = 100$	
橙	3	3	$10^3 = 1\ 000$	
黄	4	4	$10^4 = 10\ 000$	
绿	5	5	$10^5 = 1\ 000\ 000$	
蓝	6	6	$10^6 = 1\ 000\ 000$	

续 表

色环颜色	第一色环	第二色环	第三色环	第四色环
	第一位数	第二位数	倍　率	误差范围
紫	7	7		
灰	8	8		
白	9	9		
金			$10^{-1}=0.1$	$\pm 5\%(\text{J})$
银			$10^{-2}=0.01$	$\pm 10\%(\text{K})$

精密电阻五色环电阻的色环颜色与数值对照表如表 6.1.6 所示。

表 6.1.6　精密电阻五色环电阻的色环颜色与数值对照表

色环颜色	第一色环	第二色环	第三色环	第四色环	第五色环
	第一位数	第二位数	第三位数	倍　率	误差范围
黑	0	0	0	10^0	
棕	1	1	1	10^1	$\pm 1\%$
红	2	2	2	10^2	$\pm 2\%$
橙	3	3	3	10^3	
黄	4	4	4	10^4	
绿	5	5	5	10^5	$\pm 0.5\%$
蓝	6	6	6	10^6	$\pm 0.25\%$
紫	7	7	7	10^7	$\pm 0.1\%$
灰	8	8	8	10^8	
白	9	9	9	10^9	
金				10^{-1}	
银				10^{-2}	

示例:如图 6.1.2 所示。

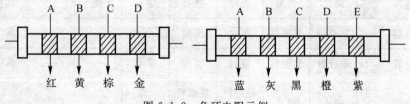

图 6.1.2　色环电阻示例

图 6.1.2 中的四色环电阻:A 为红色;B 为黄色;C 为棕色;D 为金色,则该电阻标称值为

$24 \times 10^1 \Omega = 240\Omega$，精度：$\pm 5\%$。

图 6.1.2 中的五色环电阻：A 为蓝色；B 为灰色；C 为黑色；D 为橙色；E 为紫色，则该电阻标称值为 $680 \times 10^3 \Omega = 680k\Omega$，精度：$\pm 0.1\%$。

二、电容

电容在电路中一般用"C"加数字表示，如 C_{13} 表示编号为 13 的电容。电容是由两片金属膜紧靠，中间用绝缘材料隔开而组成的元件。电容的主要特性是隔直流通交流。

电容容量的大小就是表示能储存电能的大小，电容对交流信号的阻碍作用称为容抗，它与交流信号的频率和电容量有关。

常用电容的种类有电解电容、瓷片电容、贴片电容、独石电容、钽电容和涤纶电容等。

1. 电容型号命名

电容型号命名如表 6.1.7、表 6.1.8、表 6.1.9 所示。

表 6.1.7 材料标志意义

符 号	材 料	符 号	材 料
C	瓷 介	S	聚碳酸酯
I	玻璃釉	Q	漆 膜
O	玻璃膜	H	复合介质
Y	云 母	D	铝电解
V	云母纸	A	钽电解
Z	纸 介	N	铌电解
J	金属化纸	G	合金电解
B	聚苯乙烯等非极性有机薄膜	T	钛电解
F	聚四氟乙烯	M	压 敏
L	涤纶等	E	其他材料电解

表 6.1.8 按数字类别分类

数字类别 产品名称	1	2	3	4	5	6	7	8	9
瓷介电容	圆片	管型	叠片	独石	穿心	支柱等	—	高压	—
云母电容	非密封	非密封	密封	密封	—	—	—	高压	—
有机电容	非密封	非密封	密封	密封	穿心	—	—	高压	特殊
电解电容	薄式	薄式	烧结粉液体	烧结粉固体	—	—	无极性	—	特殊

表 6.1.9 按字母类别分类

字母类别 产品名称	T	W	J	X	S	D	M	Y	C
电容	钛电解	微调	金属化	小型	独石	低压	密封	高压	穿心式

举例:CJX—250—0.33—±10%。电容含义:金属纸介小型电容,额定工作电压250V,标称电容量0.33μF,允许误差±10%。

2.电容种类

(1)固定电容。固定电容按其是否有极性可分为无极性电容和有极性电容两大类。无极性电容按介质不同又可分为纸介质电容、油浸纸介密封电容、金属化纸介电容、云母电容、有机薄膜电容、玻璃釉电容、瓷介电容等。有极性电容按正极材料不同又可分为铝电解电容及钽(或铌)电解电容。

(2)可变电容。可变电容有单连可变电容、双连可变电容及微调电容。

3.电容的标称值系列

电容的标称值系列。国产电容的标称值系列与电阻相同,有 E_6,E_{12},E_{24}三个系列,见表6.1.3。

直标法。在体积稍大的电容上直接标出电容量及单位。还有一些电容标出电容量,但不标注单位,如带有小数点的数字,则电容量单位为 μF;如不带小数点的 4 位数字或两位数字,则电容量单位是 pF。

电容量数码表示法。在一些瓷片电容及其他体积小的容器上,常用 3 位数表示标称电容量,单位是 pF。3 位数字中前两位表示标称值的有效数字,第三位数为有效数字后面零的个数。例如电容上标出103,则标称电容量为10×10^3pF$=10^4$pF$=0.01\mu$F。另外,有些电容在 3 位数字后面标有字母,如 224K,此处的 K 不是单位,而是允许误差。

例如:一瓷片电容为 104J 表示容量为 0.1μF,误差为±5%。

电容的允许误差。电容的允许误差与电阻的允许误差相同,详见表6.1.10 中。

表 6.1.10 电容容量误差表

符 号	F	G	J	K	L	M
允许误差	±1%	±2%	±5%	±10%	±15%	±20%

三、电感

电感在电路中常用"L"加数字表示,如 L_6 表示编号为 6 的电感。电感线圈是将绝缘的导线在绝缘的骨架上绕一定的圈数制成的。直流可通过线圈,直流电阻就是导线本身的电阻,压降很小;当交流信号通过线圈时,线圈两端将会产生自感电动势,自感电动势的方向与外加电压的方向相反,阻碍交流的通过,所以电感的特性是通直流隔交流,频率越高,线圈感抗越大。电感在电路中可与电容组成振荡电路。

电感一般有直标法和色标法,色标法与电阻类似,如棕、黑、金,金表示 1μH(误差±5%)

的电感。

电感的基本单位为亨（H）。换算关系为 $1H=1\,000mH=1\,000\,000\mu H$。

四、晶体二极管

晶体二极管在电路中常用"D"加数字表示，如 D_5 表示编号为 5 的二极管。

1. 作用

二极管的主要特性是单向导电性，也就是在正向电压的作用下，导通电阻很小；而在反向电压作用下导通电阻极大或无穷大。常用的晶体二极管按作用可分为整流二极管、隔离二极管、肖特基二极管、发光二极管、稳压二极管等。

2. 识别方法

二极管的识别很简单，小功率二极管的 N 极（负极），在二极管外表大多采用一种色圈标出来，有些二极管也用二极管专用符号来表示 P 极（正极）或 N 级（负极），也有采用符号标志为"P""N"来确定二极管极性的。发光二极管的正负极可从引脚长短来识别，长脚为正，短脚为负。

3. 测试注意事项

用数字式万用表测量二极管时，红表笔接二极管的正极，黑表笔接二极管的负极，此时测得的阻值才是二极管的正向导通阻值，这与指针式万用表的表笔接法刚好相反。

五、稳压二极管

稳压二极管在电路中常用"DZ"加数字表示，如 DZ_5 表示编号为 5 的稳压二极管。

1. 稳压二极管的稳压原理

稳压二极管的特点：击穿后，其两端的电压基本保持不变。这样，把稳压管接入电路以后，若由于电源电压发生波动，或其他原因造成电路中各点电压变动时，负载两端的电压将基本保持不变。

2. 故障特点

稳压二极管的故障主要表现在开路、短路和稳压值不稳定。在这 3 种故障中，前一种故障表现出稳压二极管两端电压升高；后两种故障表现为稳压二极管两端电压降低到 0V 或输出不稳定。

六、晶体三极管

晶体三极管在电路中常用"T"加数字表示，如 T_{17} 表示编号为 17 的三极管。

1. 特点

晶体三极管（简称三极管）是内部含有两个 PN 结构，并且具有放大功能的特殊器件，有 3 个引脚，分别为集电极（C）、基极（B）、发射极（E）。三极管按材料分为硅材料和锗材料两种，从类型上分有 NPN 型和 PNP 型两种，这两种类型的三极管从工作特性上可互相弥补，所谓 OTL 电路中的对管就是由 PNP 型和 NPN 型配对使用。常用的 PNP 型三极管有 A92,9015 等型号；NPN 型三极管有 A42,9014,9018,9013 等型号。

2. 晶体三极管的作用

晶体三极管主要用于放大电路中起放大作用，在常见电路中有 3 种接法。为了便于比较，将晶体三极管 3 种接法电路所具有的特点列于表 6.1.11,供大家参考。

表 6.1.11　晶体三极管的 3 种基本放大电路

名　称	共发射极电路	共集电极电路	共基极电路
输入阻抗	中(几百欧至几千欧)	大(几十千欧以上)	小(几欧至几十欧)
输出阻抗	中(几千欧至几十千欧)	小(几欧至几十欧)	大(几十千欧至几百千欧)
电压放大倍数	大	小(小于 1 并接近于 1)	大
电流放大倍数	大(几十)	大(几十)	小(小于 1 并接近于 1)
功率放大倍数	大(约 30~40dB)	小(约 10dB)	中(约 15~20dB)
应　用	多级放大器中间级,低频放大	输入级、输出级或作阻抗匹配用	高频或宽频带电路及恒流源电路

3.三极管的封装形式和管脚识别

常用三极管的封装形式有金属封装和塑料封装两大类,引脚的排列方式具有一定的规律,头向下放置,使 3 个引脚构成等腰三角形的顶点上(其中顶角在中间),从左向右依次为 E,B,C;对于中小功率塑料三极管使其平面朝向自己,3 个引脚朝下放置,则从左到右依次为 E,B,C。

目前,国内各种类型的晶体三极管有许多种,管脚的排列不尽相同,在使用中不确定管脚排列的三极管,必须进行测量确定各管脚正确的位置,或查找晶体管使用手册,明确三极管的特性及相应的技术参数和资料。

4.使用指针式万用表检测三极管管脚和类型

先假设三极管的某极为"基极",将黑表笔接在假设基极上,再将红表笔依次接到其余两个电极上,若两次测得的电阻都大(几千欧至几十千欧),或者都小(几百欧至几千欧),对换表笔重复上述测量,若测得的两个阻值刚好相反(都很小或都很大),则可确定假设的基极是正确的,否则另假设一极为"基极",重复上述测试,以确定基极。

基极确定后,将黑表笔接基极,红表笔接其他两极,若测得的电阻值都很小,则该三极管为 NPN,反之为 PNP。

判断集电极 C 和发射极 E,以 NPN 为例,把黑表笔接至假定的集电极 C,红表笔接到假设的发射极 E,并用手捏住 B 和 C 极,读出表头所示 C,E 电阻值,然后将红、黑表笔反接重测。若第一次电阻比第二次小,说明原假设成立。

6.2　低频信号发生器简介

一、TKDG—2 试验台的函数信号发生器简介

(一)概述

函数信号发生器(位于 TKDG—2 实验装置如图 6.2.1 所示)是一种能产生正弦波、方波、三角波、脉冲波、斜波电信号,同时具有数字频率计、计数器及电压显示功能,是稳定性较高的信号源。

它不仅能产生电信号,还能对外部电信号实现线性扫描和对数扫描、测频功能。输入、输出的电信号的频率、幅度由 LED 显示。各端口具有保护功能,有效地防止了输出短路和外电路电流的倒灌对仪器的损坏,广泛适用于教学、电子实验、科研、通信、电子仪器测量等领域。信号发生器分为显示、按钮控制、信号输入输出三个部分。

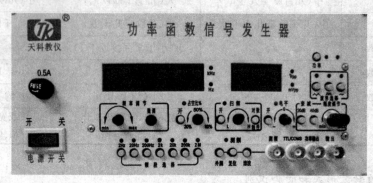

图 6.2.1　TKDG—2 函数信号发生器前面板布局图

(二)技术指标

1. 频率

频率范围:0.2Hz～2MHz。

频率分挡:2Hz,20Hz,200Hz,2kHz,20kHz,200kHz,2MHz 七挡六位显示。

频率调整率:0.1～1。

2. 波形输出

输出波形:正弦波、方波、三角波、脉冲波、斜波。

输出阻抗:50Ω。

扫频类型:线性、对数。

扫频速率:5s～10ms。

输出电压幅度:$20V_{P-P}(1M\Omega)$ $10V_{P-P}(50\Omega)$。

输出保护:短路,抗输入电压:±35V(1min)。

正弦波失真度:≤100kHz2%,>100kHz 30dB。

频率响应:±0.5dB。

三角波线性:≤100kHz:98%,>100kHz:95%。

对称度调节:20%～80%。

对称度对频率影响:±10%。

方波上升时间:$100ns(5V_{P-P},1MHz)$。

3. TTL/CMOS 输出

输出幅度:"0":≤0.6V;"1":≥2.8V。

输出阻抗:600Ω。

输出保护:短路,抗输入电压±35V(1min)。

4. 频率计数

测量精度:6 位±1%,±1 个字。

闸门时间:10s,1s,0.1s。

显示范围:0.1Hz～10MHz。

计数范围:六位(999 999)。

5.幅度显示

显示位数:三位 LED 显示。

显示单位:V_{P-P} 或 mV_{P-P}。

显示误差:±15％,±1 个字。

负载为 1MΩ 时:直读。

负载电阻为 50Ω 时:读数÷2。

分辨率:1mV$_{P-P}$(40dB)。

6.电源

电压:(220±10％)V。

工作环境:温度－10～40℃,相对湿度＜85％(25℃),海拔＜4 000m。

频率:50±5％Hz。

视在功率:约 10VA。

三、面板说明

(1)电源开关:将电源开关按键打到"开"。

(2)LED 显示窗口:此窗口显示输出信号的频率,当"外测"开关按入时,则显示外测信号的频率。

(3)频率调节旋钮:调节此旋钮改变输出信号频率,顺时针旋转,频率增大;逆时针旋转,频率减小。微调旋钮可以微调频率。

(4)占空比:方波占空比调节旋钮,将方波占空比开关按下,占空比指示灯亮,调节方波占空比旋钮,可改变方形的占空比。

(5)波形选择开关:按对应波形的某一键,可选择需要的波形。

(6)衰减开关:电压输出衰减开关,二挡开关组合为 20dB,40dB,60dB。

(7)频率范围选择开关(并兼频率计闸门开关):根据所需的频率,按其中某个键。

(8)复位开关:当频率显示乱码或无显示时,按此按键。

(9)外测频开关:此开关按入,LED 显示窗显示外测信号频率。

(10)电平调节:按入电平调节开关,电平指示灯亮,此时调节电平调节旋钮,可改变直流偏置电平。

(11)幅度调节旋钮:顺时针调节此旋钮,增大电压输出幅度。逆时针调节此旋钮可减小电压输出幅度。

(12)扫频:按入扫频开关,电压输出端口输出信号为扫频信号,调节速率旋钮,可改变扫频速率,改变线性/对数开关可产生线性扫频和对数扫频。

(13)功率输出:功率信号的输出。

(14)电压输出指示:3 位 LED 显示输出电压峰峰值。

(四)基本操作方法

打开电源开关,按表 6.2.1 所示设定各个控制键。

表 6.2.1 信号发生器面板介绍

电源（POWER）	电源开关键
衰减开关（ATTE）	弹　出
外测频（COUNTER）	外测频开关弹出
电　平	电平开关弹出
扫　频	扫频开关弹出
占空比	占空比开关弹出

所有的控制键按表 6.2.1 所示设定后，打开电源。函数信号发生器默认 10kHz 正弦波，LED 显示窗口显示输出信号频率。

（1）将输出信号端口通过连接线送入示波器输入端口。

（2）三角波、方波、正弦波产生。

1）将波形选择开关分别按正弦波、方波、三角波。此时示波器屏幕上将分别显示正弦波、方波、三角波。

2）根据信号频率选择频段开关确定频率范围，先旋转频率调节旋钮的粗调，再旋转细调旋钮选择频率。示波器显示的波形以及 LED 窗口显示的频率将发生明显变化。

3）幅度旋钮顺时针旋转至最大，示波器显示的波形幅度 $\geqslant 20V_{P-P}$。

4）将电平开关按入，顺时针旋转电平旋钮至最大，示波器波形向上移动，逆时针旋转，示波器波形向下移动，最大变化量 ±10V 以上。注意：信号超过 ±10V 或 ±5V（50Ω）时被限幅。

5）按下衰减开关，输出波形将被衰减。

（3）复位：按复位键、LED 显示全为 0。

（4）斜波产生。

1）波形开关置"三角波"。

2）占空比开关按入指示灯亮。

3）调节占空比旋钮，三角波将变成斜波。

（5）外测频率。

1）按入外测开关，外测频指示灯亮。

2）外测信号由外测输入端输入。

（6）TTL 输出。

1）TTL/CMOS 端口接示波器 Y 轴输入端（DC 输入）。

2）示波器将显示方波或脉冲波，该输出端口可作 TTL/CMOS 数字电路实验时钟信号源。

（7）扫频。

1）按入扫频开关，此时幅度输出端口输出的信号为扫频信号。

2）线性/对数开关，在扫频状态下弹出时为线性扫频，按入时为对数扫频。

3）调节扫频旋钮，可改变扫频速率，顺时针调节，增大扫频速率；逆时针调节，减小扫频速率。

二、YB1605 型函数信号发生器简介

YB1605 型函数信号发生器,是一种稳定性较高的高精度信号源。仪器外形美观、操作直观方便,具有数字频率计、计数器及电压显示功能,仪器功能齐全,各端口具有保护功能,有效地防止了输出短路和外电路电流的倒灌对仪器的损坏,大大提高了整机的可靠性。其广泛应用于教学、电子实验、电子仪器测量等领域。

(一)主要特点

(1)具有数字频率计和计数功能。

(2)内置线性和对数扫频功能。

(3)外接调频功能和 VCF 压控输入。

(4)具有 50Hz 正弦波输出。

(5)TTL/CMOS 输出。

(6)具有正弦波、方波、三角波、斜波、脉冲波。

(7)用两组 LED 显示器分别显示输出电压(V_{P-P})及频率值(kHz)。

(二)主要技术指标

1. 电压输出

频率:0.5Hz～5MHz。

输出波形:正弦波、方波、三角波、脉冲波、斜波。

输出信号类型:单频、调频、调幅、扫频。

扫频类型:线性、对数。

扫频速率:5s～10ms。

输出电压范围:$20V_{P-P}(1M\Omega)$,$10V_{P-P}(50\Omega)$。

输出电压保护:短路,抗输入电压±35V(1min)。

正弦波失真度:≤100kHz:2%,>100kHz:30dB。

频率响应:±0.5dB。

三角波线性:≤100kHz:98%,>100kHz:95%。

占空比调节:20%～80%。

直流偏置:±10V(1MΩ),±5V(50Ω)。

方波上升时间:50ns($5V_{P-P}$ 1MHz)。

衰减精度:≤±3%。

占空比对频率:±10%。

50Hz 正弦波输出:约 $2V_{P-P}$。

2. TTL/CMOS 输出

输出幅度:"0":≤0.6V,"1":≥2.8V。

输出阻抗:600Ω。

输出短路保护:短路,抗输入电压±35V(1min)。

3. 频率计数

测量精度:5 位 ±1% ±1 个字。

分辩率:0.1Hz。

闸门时间:10s,1s,0.1s。

外测频范围:1Hz~10MHz。

外测频灵敏度:100MV。

计数范围:5 位。

(三)面板及各功能开关和旋钮

YB1605 函数信号发生器面板及各功能开关和旋钮如图 6.2.2 所示,其功能如下:

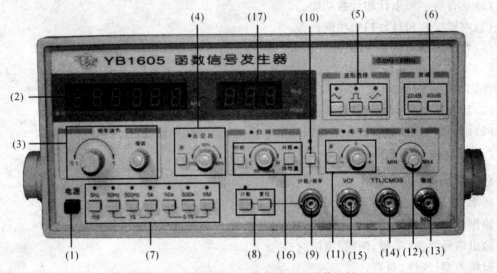

图 6.2.2 YB1605 函数信号发生器前面板

(1)电源开关(POWER)。按键按下为"开",弹出为"关"。

(2)LED 显示窗口。显示输出信号的频率(kHz)。

(3)频率调节旋钮(FREQUENCY)。调节此旋钮改变输出信号的频率,顺时针转,频率增高;逆时针转,频率降低。微调旋钮可调整频率精度。

(4)占空比(DUTY)。将占空比开关按入,占空比指示灯亮,调节占空比旋钮,可改变波形的占空比。

(5)波形选择开关(WAVE FORM)。按下对应的方波、正弦波、锯齿波的按键,可选择对应的输出波形。

(6)衰减开关(ATTE)。对输出的电压进行衰减,两挡开关组合为 20dB,40dB,60dB。

(7)频率范围选择开关。根据所需要输出的频率,选择对应的按键。

(8)计数、复位开关。

(9)计数/频率端口。

(10)外测频开关。

(11)电平调节。按下电平调节开关,电平指示灯亮,此时调节电平旋钮,可改变直流偏置电平。

(12)幅度调节旋钮(AMPLITUDE)。顺时针转动此旋钮,输出电压幅度增大;逆时针转动,输出电压幅度减小。

(13)电压输出端口(VOLTAGE OUT)。输出电压由此端口输出。

(14)TTL/CMOS 输出端口。

(15)VCF。

(16)扫频。按下扫频按钮,电压输出端口输出信号为扫频信号。调节速率旋钮,可改变扫频速率,改变线性/对数开关可产生线性扫频和对数扫频。

(17)电压输出指示。3 位 LED 显示输出电压值,输出接 50Ω 负载时应将读数除 2。

(四)基本操作方法

打开电源开关之前,首先检查输入的电压,如表 6.2.2 所示设定各个控制键。

表 6.2.2　函数信号发生器各个控制键

控制键	状　态
电源开关	弹　出
衰减开关	弹　出
外测频开关	弹　出
电平开关	弹　出
扫频开关	弹　出
占空比开关	弹　出

所有的控制键如表 6.2.2 所示设定后,打开电源,信号发生器有两个 LED 显示窗口,其中一个显示本机输出信号的频率,另一个显示信号的峰峰值。

(1)电压输出信号由输出(VOLTAGE OUT)端口通过连接线送出。

(2)三角波、方波、正弦波的产生。

1)将波形选择开关(WAVE FORM)分别置于"正弦波""方波""三角波",则信号发生器输出分别为对应的波形。

2)改变频率范围选择开关和频率调节旋钮改变输出频率,频率 LED 显示窗口所显示数字即为对应输出信号的频率(kHz)。

3)调节幅度旋钮改变输出电压的幅度,需要小信号时,可按下衰减开关,输出波形将被衰减。

(3)斜波产生。将波形开关置于"三角波",按下占空比选择开关,调节占空比旋钮,三角波将变为斜波。

6.3　示波器介绍

示波器是一种用途十分广泛的电子测量仪器。它能把肉眼看不见的电信号变换成看得见的图像,便于人们研究各种电现象的变化过程。示波器利用狭窄的、由高速电子组成的电子束,打在涂有荧光物质的屏面上,就可产生细小的光点。在被测信号的作用下,电子束就好像一支笔的笔尖,可以在屏面上描绘出被测信号的瞬时值的变化曲线。利用示波器能观察电信号的波形、幅度和频率等电参数。示波器是形象地显示信号幅度随时间变化的波形显示仪器,是一种综合的信号特性测试仪,是电子测量仪器的基本种类。

一、DS1072U 数字示波器介绍

(一)概述

数字示波器则是数据采集、A/D 转换、软件编程等一系列的技术制造出来的高性能示波器。数字示波器一般支持多级菜单,能提供给用户多种选择,多种分析功能。有些还提供存储功能,实现对波形的保存和处理。数字示波器除了提高带宽到 1GHz 以上,更重要的是它的全面性能超越了模拟示波器。出现所谓数字示波器模拟化的现象,换句话说,数字示波器要有模拟功能,数字示波器作出模拟效果,尽量吸收模拟示波器的优点,使数字示波器更好用。它克服了模拟示波器的缺陷,能实时显示、存储和分析复杂信号的三维信号信息:幅度、时间和整个时间的幅度分布。

DS1072U 数字示波器是一种应用十分广泛的电子测量仪器。以微处理器为核心的操作系统控制仪器具有设置简单而功能明晰的前面板,以进行基本的操作。面板上包括旋钮和功能按键。

(二)组成框图

数字示波器组成框图如图 6.3.1 所示。

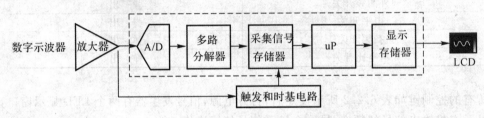

图 6.3.1　数字示波器组成框图

(三)DS1072U 数字双踪示波器介绍

1. 面板介绍

如图 6.3.2 所示 DS1072U 数字示波器有简单而功能明晰的面板,以进行基本的操作。面板上包括液晶显示屏、USB 接口、菜单操作键、多功能旋钮、常用菜单、垂直控制、水平控制、触发控制、运行控制、模拟信号输入、外触发输入、探头补偿信号输出和功能按键。

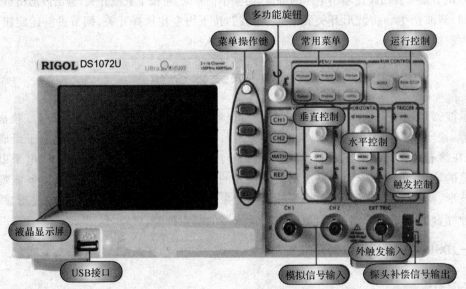

图 6.3.2　DS1072U 数字双踪示波器面板分布图

2.显示界面

显示界面如图 6.3.3 所示,由触发位置、内存触发位置、当前窗口、通道标志、操作菜单、波形显示窗口、耦合方式、垂直挡位状态、水平时基挡位状态、触发位移显示组成。

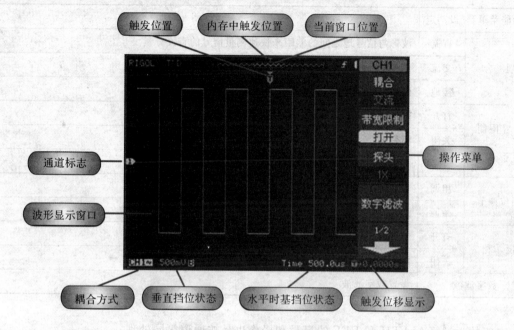

图 6.3.3　液晶屏显示界面

3.面板功能简述

(1)垂直控制。如图 6.3.4 所示,在垂直控制区(VERTICAL)有一系列的按键、旋钮。垂直旋钮(SCALE)改变波形垂直方向"V/div(伏/格)"挡位设置。当转动垂直位移旋钮(POSI-TION),指示电信号波形上下移动。DS1072U 有双通道输入。每个通道都有独立的垂直菜单。每个项目都按不同的通道单独设置。

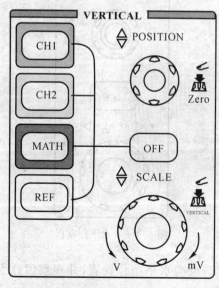

图 6.3.4　垂直控制区

按 CH1 或 CH2 功能键,系统将显示 CH1 或 CH2 通道的操作菜单,说明详见表 6.3.1(以 CH1 为例)。

表 6.3.1　示波器垂直区操作表

功能菜单	设定		说明
耦　合	直流		波形与信号地之间的差距来快速测量信号的直流分量
	交流		信号里面的直流分量被滤除,显示信号的交流分量
	接地		断开输入信号
带宽限制	打开		限制带宽至 20MHz,以减少显示噪声
	关闭		满带宽
探　头	1X		根据探头衰减因数选取相应数值,确保垂直标尺读数准确
挡位调节	粗调		粗调按 1—2—5 进制设定垂直灵敏度
	微调		微调是指在粗调设置范围之内以更小的增量改变垂直挡位
反　相	打开		打开波形反相功能
	关闭		波形正常显示
数字滤波	设置数字滤波		

对于数学运算 MATH 和 REF 的显示和操作也是按通道等同处理。

欲打开或选择某一通道时,只需按下相应的通道按键,按键灯亮说明该通道已被激活。若希望关闭某个通道,再次按下相应的通道按键或按下 OFF 即可,按键灯灭即说明该通道已被关闭。

(2)水平控制。水平控制(HORIZONTAL)区有一个按键、两个旋钮,如图 6.3.5 所示。

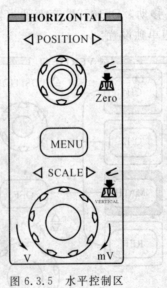

图 6.3.5　水平控制区

1)使用水平旋钮(SCALE)改变水平挡位设置,并观察因此引起的电信号图像水平位置变化。

　　转动水平旋钮(SCALE)改变"s/div(秒/格)"水平挡位,可以发现状态栏对应通道的挡位显示发生了相应的变化。水平扫描速度从 2ns 至 50s,以 1—2—5 的形式步进。

　　水平旋钮(SCALE)不仅可以通过转动调整"s/div(秒/格)",而且按下此按钮便可切换到延迟扫描状态。

　　2)使用水平位移(POSITION)旋钮调整信号在波形窗口的水平位置。

　　当转动水平位移旋钮调节触发位移时,可以观察到波形随旋钮转动而水平移动。水平位移旋钮不但可以通过转动调整信号在波形窗口的水平位置,还可以按下该键使触发位移(或延迟扫描位移)恢复到水平零点处。

　　3)按 MENU 按键,显示 TIME 菜单。

　　在此菜单下,可以开启/关闭延迟扫描或切换 Y－T,X－Y 和 ROLL 模式,还可以将水平触发位移复位。

　　(3)菜单操作。显示屏右侧的一列 5 个灰色按键为菜单操作键(自上而下定义为 1 号至 5号)。通过它们,可以设置当前菜单的不同选项。其他按键为功能键,通过它们,可以进入不同的功能菜单或直接获得特定的功能应用。

　　(4)触发控制。在触发控制区(TRIGGER)有 1 个旋钮、3 个按键,如图 6.3.6 所示。

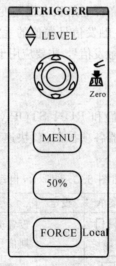

图 6.3.6　触发控制区

　　1)LEVEL 旋钮改变触发电平设置。

　　转动旋钮,可以发现屏幕上出现一条桔红色的触发线以及触发标志,随旋钮转动而上下移动。停止转动旋钮,此触发线和触发标志大约会在 5s 后消失。在移动触发线的同时,可以观察到在屏幕上触发电平的数值发生了变化。

　　2)按 MENU 键调出触发操作菜单(见图 6.3.7),改变触发的设置,观察由此造成的状态变化。

　　按 1 号菜单操作按键,选择"边沿触发"。

　　按 2 号菜单操作按键,选择"信源选择"为 CH1。

图 6.3.7　触发菜单

按 3 号菜单操作按键，设置"边沿类型"为 ┌┘ 。

按 4 号菜单操作按键，设置"触发方式"为自动。

按 5 号菜单操作按键，进入"触发设置"二级菜单，对触发的耦合方式，触发灵敏度和触发释抑时间进行设置。

注：改变前三项的设置会导致屏幕右上角状态栏的变化。

3）按 50％ 按键，设定触发电平在触发信号幅值的垂直中点。

4）按 FORCE 按键，强制产生一个触发信号，主要应用于触发方式中的"普通"和"单次"模式。

（5）运行控制。

1）执行按键。

执行按键包括 AUTO（自动设置）和 RUN/STOP（运行/停止）。

AUTO（自动设置）：自动设定仪器各项控制值，快速设置和测量信号，以产生适宜观察的波形显示。

按 AUTO 后，菜单及说明显示如图 6.3.8 所示，自动设定功能说明见表 6.3.2。

功能菜单	设定	说明
⎍⎍⎍⎍ 多周期	——	设置屏幕自动显示多个周期信号
⎍⎍ 单周期	—	设置屏幕自动显示单个周期信号
╱ 上升沿	—	自动设置并显示上升时间
╲ 下降沿	—	自动设置并显示下降时间
↰ （撤消）		撤消自动设置，返回前一状态

图 6.3.8　自动设置菜单及说明

表 6.3.2　自动设定功能说明

功　能	设　定
显示方式	Y—T
获取方式	普通
垂直耦合	根据信号调整到交流或直流
垂直位置	调节至适当位置
垂直"V/div"	调节至适当挡位
垂直挡位调节	粗调
带宽限制	关闭(即满带宽)
信号反相	关闭
水平位置	居中
水平"s/div"	调节至适当挡位
触发类型	边沿
触发信源	自动检测到有信号输入的通道
触发耦合	直流
触发电平	中点设定
触发方式	自动

2)RUN/STOP(运行/停止):运行和停止波形采样。

注意:波形垂直挡位和水平时基可以在一定的范围内调整,相当于对信号进行水平或垂直方向上的扩展。

(6)自动测量。如图 6.3.9 所示,在 MENU 控制区中,Measure 为自动测量功能按键。

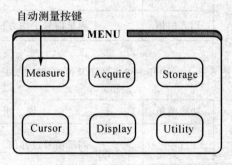

图 6.3.9　自动测量菜单

菜单说明:

按 Measure 自动测量功能键,系统将显示自动测量操作菜单,如图 6.3.10 所示。

该系列示波器提供 22 种自动测量的波形参数,包括 10 种电压参数(见图 6.3.11~图 6.3.13)和 12 种时间参数(见图 6.3.14~图 6.3.17)。

功能菜单	显 示	说 明
信源选择	CH1 CH2	设置被测信号的输入通道
电压测量	—	选择测量电压参数
时间测量	—	选择测量时间参数
清除测量	—	消除测量结果
全部测量	关闭	关闭全部测量显示
	打开	打开全部测量显示

图 6.3.10　自动测量功能键菜单及说明

功能菜单	显 示	说 明
最大值	—	测量信号最大值
最小值	—	测量信号最小值
峰峰值	—	测量信号峰峰值
顶端值	—	测量信号顶端值

图 6.3.11　电压测量参数图及说明（第一页）

功能菜单	显 示	说 明
底端值	—	测量信号底端值
幅度	—	测量信号幅度值
平均值	—	测量信号平均值
均方根值	—	测量信号平均方根值

图 6.3.12　电压测量参数图及说明（第二页）

功能菜单	显 示	说 明
过冲	—	测量信号过冲值
预冲	—	测量信号预冲值

图 6.3.13　电压测量参数图及说明（第三页）

功能菜单	显 示	说 明
周期	—	测量信号周期
频率	—	测量信号频率
上升时间	—	测量上升沿信号上升时间
下降时间	—	测量下降沿信号下降时间

图 6.3.14 时间测量参数图及说明(第一页)

功能菜单	显 示	说 明
正脉宽	—	测量脉冲信号的正脉宽
负脉宽	—	测量脉冲信号的负脉宽
正占空比	—	测量信号的正占空比
负占空比	—	测量信号的负占空比

图 6.3.15 时间测量参数图及说明(第二页)

功能菜单	显 示	说 明
延迟 1→2 ⌐	—	测量 CH1,CH2 信号在上升沿处的延迟时间
延迟 1→2 ⌐	—	测量 CH1,CH2 信号在下降沿处的延迟时间

图 6.3.16 时间测量参数图及说明(第三页)

功能菜单	显 示	说 明
相位 1→2 ⌐	—	测量 CH1,CH2 信号在上升沿处的相位差
相位 1→2 ⌐	—	测量 CH1,CH2 信号在下降沿处的相位差

图 6.3.17 时间测量参数图及说明(第四页)

注意:自动测量的结果显示在屏幕下方,最多可同时显示 3 个。当显示已满时,新的测量结果会导致原结果左移,从而将原屏幕最左端的结果挤出屏幕之外。

操作说明:

a. 选择被测信号通道。根据信号输入通道不同,选择 CH1 或 CH2。按钮操作顺序为:Measure ,信源选择,CH1 或 CH2 。

b. 获得全部测量数值。如图 6.3.18 所示,按 5 号菜单操作键,设置"全部测量"项状态为打开 。18 种测量参数值显示于屏幕下方。

c. 选择参数测量。按 2 号或 3 号菜单操作键选择测量类型,查找测量参数所在的分页。按钮操作顺序为:Measure、电压测量、时间测量、最大值、最小值……

d. 获得测量数值。应用 2,3,4,5 号菜单操作键选择参数类型,并在屏幕下方直接读取显示的数据。若显示的数据为"＊＊＊＊＊",表明在当前的设置下,此参数不可测。

e. 清除测量数值。如图 6.3.18 所示,按 4 号菜单操作键选择"清除测量"。此时,所有屏幕下端的自动测量参数(不包括"全部测量"参数)从屏幕消失。

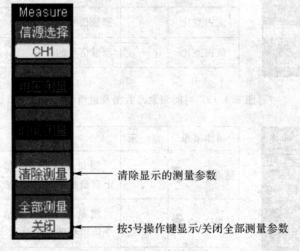

图 6.3.18　测量参数菜单

1)电压参数的自动测量。数字示波器可自动测量的电压参数包括峰峰值、最大值、最小值、平均值等。图 6.3.19 所示表述了各个电压参数的物理意义。

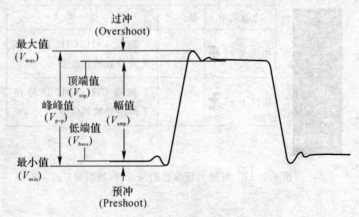

图 6.3.19　电压参数示意图

峰峰值(V_{p-p})：波形最高点至最低点的电压值。

最大值(V_{max})：波形最高点至 GND(地)的电压值。

最小值(V_{min})：波形最低点至 GND(地)的电压值。

幅值(V_{amp})：波形顶端至底端的电压值。

2)时间参数的自动测量。数字示波器可自动测量的时间参数包括频率、周期、上升时间、下降时间、正脉宽、负脉宽等。如图 6.3.20 所示为时间参数的物理意义。

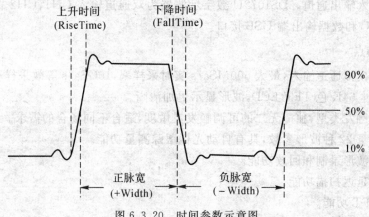

图 6.3.20　时间参数示意图

上升时间(Rise Time)：波形幅度从 10%上升至 90%所经历的时间。

下降时间(Fall Time)：波形幅度从 90%下降至 10%所经历的时间。

正脉宽(＋Width)：正脉冲在 50%幅度时的脉冲宽度。

负脉宽(－Width)：负脉冲在 50%幅度时的脉冲宽度。

(7)光标测量。如图 6.3.21 所示，在 MENU 控制区中，Cursor 为光标测量功能按键。

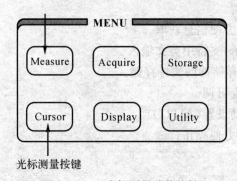

图 6.3.21　光标测量功能按键

光标模式允许用户通过移动光标进行测量，使用前请首先将信号源设定成所要测量的波形。光标测量分为以下 3 种模式：

1)手动模式。出现水平调整或垂直调整的光标线。通过旋动多功能旋钮，手动调整光标的位置，示波器同时显示光标点所对应的测量值。

2)追踪测量模式。被测波形上显示十字光标，通过移动光标的水平位置，光标自动在波形上定位，并显示当前定位点的水平、垂直坐标和两光标间水平、垂直的增量。

3)自动测量模式。用自动测量模式时,首先要通过 Measure 菜单选定需要测量的参数。选定后,屏幕上将显示与该测量参数所对应的光标,否则,就没有光标显示。

(8)多功能旋钮。非菜单操作时(菜单隐藏),转动该旋钮可调节波形显示亮度 0％～100％,按下旋钮使波形亮度恢复至50％。

菜单操作时(背灯变亮),按下某菜单按键,转动该旋钮可选择该菜单下的子菜单,然后按下旋钮可选中当前选择的子菜单,可用来修改参数,输入文件名。

(9)信号输入输出通道。DS1072U 数字示波器为双通道输入 CH1,CH2。具有外部触发输入 EXT TRIC 和数据输出端 USB 接口。

(四)主要特点

(1)提供双模拟通道输入,最大 500MSa/s 实时采样率,10GSa/s 等效采样率。

(2)5.6 英寸 64K 色 TFT LCD,波形显示更加清晰。

(3)丰富的触发类型,独一无二的可调触发灵敏度,适合不同场合的需求。

(4)自动测量 22 种波形参数,具有自动光标跟踪测量功能。

(5)独特的波形录制和回放功能。

(6)精细的延迟扫描功能。

(7)内嵌 FFT 功能。

(8)拥有 4 种实用的数字滤波器:LPF,HPF,BPF,BRF。

(9)Pass/Fail 检测功能,可通过光电隔离的 Pass/Fail 端口输出检测结果。

(10)多重波形数学运算功能。

(11)提供功能强大的上位机应用软件 UltraScope。

(12)标准配置接口:USB Device,USB Host,RS232,支持 U 盘存储和 PictBridge 打印。

(13)独特的锁键盘功能,能满足工业生产需要。

(14)支持远程命令控制。

(15)嵌入式帮助菜单,方便信息获取。

(16)多国语言菜单显示,支持中英文输入。

(17)支持 U 盘及本地存储器的文件存储。

(18)模拟通道波形亮度可调。

(19)波形显示可以自动设置(AUTO)。

(20)弹出式菜单显示,方便操作。

(五)使用操作步骤

1.接通电源

接通电源后,仪器将执行所有自检项目,自检通过后出现开机画面。按 Storage 按钮,用菜单操作键从顶部菜单框中选择"存储类型",然后调出"出厂设置"菜单框。一般本仪器通常由专业教师在固定时间校正,无需学生调节。

2.示波器接入信号

DS1072U 是双通道输入加一个外部触发输入通道的数字示波器。

(1)用示波器探头将信号接入通道 1(CH1)。将探头连接器上的插槽对准 CH1 同轴电缆插接件(BNC)上的插口并插入,然后向右旋转以拧紧探头,完成探头与通道的连接后,将数字探头上的开关设定为 1X。

（2）示波器需要输入探头衰减系数。此衰减系数将改变仪器的垂直挡位比例，使得测量结果能正确反映被测信号的电平（如果默认的探头菜单衰减系数设定值为 1X，则不用设置）。

（3）把探头端部和接地夹接到探头补偿器的连接器上。按 AUTO（自动设置）按钮。几秒钟内，就可看到方波显示。

（4）以同样的方法检查通道 2（CH2）。按 OFF 功能按钮或再次按下 CH1 功能按钮以关闭通道 1，按 CH2 功能按钮以打开通道 2，重复步骤（2）和步骤（3）。

3. 使用自动设置

按下自动测量键 AUTO，示波器将自动设置垂直、水平和触发控制。如有需要，可手动调整这些控制键使波形显示达到最佳。

（六）注意事项

示波器须首先满足以下两个条件，才能达到这些规格标准：

（1）仪器必须在规定的操作温度下连续运行 30min 以上。

（2）如果操作温度变化范围达到或超过 5℃，必须打开系统功能菜单，执行"自校正"程序。

注意：测试前，确定被测信号的电压、频率大小，避免因输入信号过大而损坏仪器。测试结束，先关测试开关，再断开测试端。轻调仪器前面板旋钮、按键，以免损坏。

（七）示波器的测试应用及举例

1. 测量电信号的一般步骤

观测电路中的一个未知信号，迅速显示和测量信号的频率和峰峰值。

（1）欲迅速显示该信号，请按如下步骤操作：

1）将探头菜单衰减系数设定为 1X，并将探头上的开关设定为 1X。

2）将通道 1 的探头连接到电路被测点。

3）按下 AUTO（自动设置）按键。

示波器将自动设置使波形显示达到最佳状态。在此基础上，可以进一步调节垂直、水平挡位，直至波形的显示符合要求。

（2）进行自动测量。示波器可对大多数信号进行自动测量。欲测量峰峰值和信号频率，请按如下步骤操作：

1）测量峰峰值。按下 Measure 按键以显示自动测量菜单。

按下 1 号菜单操作键以选择信源 CH1。

按下 2 号菜单操作键选择测量类型：电压测量。

在电压测量弹出菜单中选择测量参数：峰峰值。此时，在屏幕左下角出现峰峰值的显示。

2）测量频率。按下 3 号菜单操作键选择测量类型："时间测量"。在时间测量弹出菜单中选择测量参数："频率"。此时，可以在屏幕下方发现频率的显示。

2. 举例

调整函数信号发生器使其产生 1kHz，$3V_{P-P}$ 的方波，通过数字示波器观察波形，如图 6.3.22 所示。

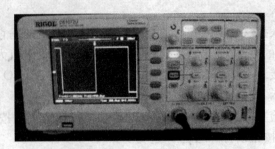

图 6.3.22　1kHz,3V$_{P-P}$的方波单周期

步骤如下：

(1)启动 TKDG—2 实验装置电源。

(2)在函数信号发生器输出端连接 1X 信号线,打开函数信号发生器电源,在频段选择处按下 2k 按键,通过调节频率调节旋钮使得频率显示 1kHz,按下波形选择中的方波按键。调节幅度调节旋钮,使电压显示 3V$_{P-P}$。

(3)在数字示波器输出 CH1 端连接 1X 信号线,按下数字示波器顶端电源开关。只让在垂直控制区(VERTICAL)CH1 按键亮,分别将函数信号发生器输出端所连接信号线的地线与数字示波器信号线的地线(即黑色夹子)相连,信号线与信号线(即红色夹子)相连。

(4)调节垂直控制区(VERTICAL)中 SCALE 旋钮和 POSITION 旋钮,使得信号波形位于合适的观察位置。调节水平控制(HORIZONTAL)区的 SCALE 旋钮和 POSITION 旋钮,使得信号波形的一个完整周期显示在屏幕上。

(5)按下 Measure 键,出现菜单,在菜单区选择信源 CH1 的相应电压测量按键,出现子菜单,连续按动电压测量按键直至液晶屏下方出现峰峰值 V$_{P-P}$(1)的值为止。在菜单区选择按下相应的时间测量按键,出现子菜单,连续按动时间测量按键直至液晶屏下方出现频率 Freq(1)的值为止。

二、YB43020B 双踪示波器介绍

双踪示波器可以测量两个信号之间的时间差,一些性能较好的示波器甚至可以将输入的电信号存储起来以备分析和比较。在实际应用中凡是能转化为电压信号的电学量和非电学量都可以用示波器来观测。

(一)YB43020B 双踪示波器面板分布图及功能

图 6.3.23 所示给出了 YB43020B 双踪示波器的面板分布图。

1.示波管电路部分

(1)电源开关(POWER)。将电源开关按键弹出,即为"关"位置,将电源接入,按下电源开关,以接通电源。

(2)电源指示灯。电源接通时指示灯亮。

(3)辉度旋钮(INTENSITY)。顺时针方向旋转旋钮,亮度增强。接通电源之前,将该旋钮逆时针方向旋转到底。

(4)聚焦旋钮(FOCUS)。用辉度控制钮将亮度调至合适的标准,然后调节聚焦控制钮直至轨迹达到最清晰的程度,虽然调节亮度时聚焦可自动调节,但聚焦有时也会发生轻微变化。

如果出现这种情况,需重新调节聚焦。

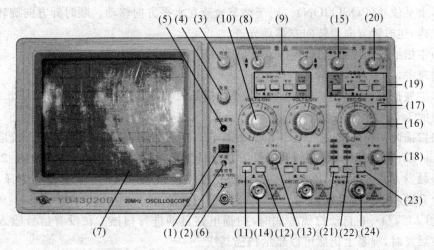

图 6.3.23　YB43020B 双踪示波器面板分布图

(5)光迹旋转旋钮(TRACE ROTATION)。由于磁场的作用,当光迹在水平方向轻微倾斜时,可用该旋钮调节光迹与水平刻度线平行。

(6)校准信号输出端子(CAL)。提供 $1kHz\pm2\%$,$0.5V_{P-P}\pm2\%$方波作本机 Y 轴、X 轴校准用。

(7)显示屏。仪器的测量显示终端,用于显示所测电压信号的波形。

2.垂直方向部分

(8)垂直移位(POSITION)。调节 CH1 通道光迹在屏幕中的垂直位置。它的水平右侧是形状相同的 CH2 通道垂直移位旋钮,其作用是调节 CH2 通道光迹在屏幕中的垂直位置。

(9)垂直方式工作开关。选择垂直方向的工作方式,按下通道 1 选择(CH1)按钮,屏幕上仅显示 CH1 的信号。按下通道 2 选择(CH2)按钮,屏幕上仅显示 CH2 的信号。同时按下 CH1 和 CH2 按钮,屏幕上显示 CH1 和 CH2 的信号。CH1 和 CH2 按钮同时弹出为叠加(ADD):显示 CH1 和 CH2 输入电压的代数和。断续或交替:自动以断续或交替方式显示信号。CH2 极性开关(INVERT):按此开关时,CH2 显示反相电压值。

(10)垂直偏转灵敏度选择旋钮(VOLTS/DIV)。用于选择垂直偏转灵敏度的调节。其含义是:垂直方向上一大格对应的电压值为所指示的示数值。

(11),(12)交流—直流—接地耦合选择开关(AC—DC—GND)。选择输入信号与垂直放大器的耦合方式。交流(AC):垂直输入端由电容器来耦合。接地(GND):放大器的输入端接地。直流(DC):垂直放大器的输入端与信号直接耦合。

(13)垂直微调旋钮(VARIBLE)。垂直微调用于连续改变电压偏转灵敏度,此旋钮在正常情况下应位于逆时针方向旋转到底的位置。将旋钮顺时针方向旋转到底,垂直方向的灵敏度下降到 2.5 倍以下。

(14)通道 1 输入端[CH1 INPUT(X)]。该输入端用于垂直方向的输入。在 X—Y 方式时输入端的信号成为 X 轴信号。右侧为通道 2 输入端[CH2 INPUT(Y)]:形状和通道 1 输入端相同,但在 X—Y 方式时,输入端的信号成为 Y 轴信号。

3. 水平方向部分

(15)水平位移(POSITION)。用于调节轨迹在水平方向移动。顺时针方向旋转该旋钮向右移动光迹,逆时针方向旋转向左移动光迹。

(16)主扫描时间因数选择开关(A TIME/DIV)。共 20 挡,在 0.1μs/div～0.5s/div 范围选择扫描速率。

(17)扩展控制键(MAG×5)。按下去时,扫描因数×5 扩展,扫描时间是 Time/Div 开关指示数值的 1/5。

(18)扫描微调控制键(VARIBLE)。此旋钮以逆时针方向旋转到底时处于校准位置。扫描由 Time/Div 开关指示,该旋钮顺时针方向旋转到底,扫描减慢为正常速率的 1/2.5 以下。

(19)触发方式选择(TRIG MODE)。触发极性按钮(SLOPE):触发极性选择,用于选择信号的上升沿和下降沿触发。

自动(AUTO):在自动扫描方式时,扫描电路自动进行扫描。在没有信号输入或输入信号没有被触发时,屏幕上仍然可以显示扫描基线。

常态(NORM):有触发信号才能扫描,否则屏幕上无扫描显示。当输入信号的频率低于 50Hz 时,用常态触发方式。

复位键(RESET):当"自动"与"常态"同时弹出时为单次触发工作状态,当触发信号来到时,准备(READY)指示灯亮,单次扫描结束后熄灭,按复位键(RESET)后,电路又处于待触发状态。

(20)触发电平旋钮(TRIG LEVEL)。用于调节被测信号在某选定电平触发同步。

(21),(22)触发源选择开关(SOURCE)。选择触发信号源。

通道 1 触发(CH1,X-Y):CH1 通道信号是触发信号,当工作方式在 X-Y 时,波动开关应设置于此挡。通道 2 触发(CH2):CH2 上的输入信号是触发信号。

交替触发(ALT TRIG:在双踪交替显示时,触发信号交替来自于两个 Y 通道,此方式可用于同时观察两路不相关信号。

外触发(EXT):触发输入上的触发信号是外部信号,用于特殊信号的触发。

电视(TV):TV 触发,以便于观察 TV 视频信号,触发信号经交流耦合通过触发电路,将电视信号送到同步分离电路,拾取同步信号作为触发扫描用,这样视频信号能稳定显示。TV-H 用于观察电视信号中的行信号波形,TV-V 用于观察电视信号中的场信号波形。注意:仅在触发信号为负同步信号时,TV-V 和 TV-H 同步。

电源触发(LINE):电源频率成为触发信号。

(23)触发信号耦合方式选择开关。

交流(AC):这是交流耦合方式,触发信号通过交流耦合电路,排除了输入信号中的直流成分的影响,可得到稳定的触发。

直流(DC):触发信号被直接耦合到触发电路,当触发需要触发信号的直流部分或需要显示低频信号以及信号空占比很小时,使用此种方式。

(24)外触发输入插座(EXT INPUT)。用于外部触发信号的输入。

(二)使用步骤

用示波器能观察各种不同电信号的幅度随时间变化的波形曲线,在这个基础上示波器可以应用于测量电压、时间、频率、相位差和调幅度等电参数。下面介绍用示波器观察电信号波形的使用步骤。

(1)选择 Y 轴耦合方式。根据被测信号频率的高低,将 Y 轴输入耦合方式选择"AC -地-DC"开关置于 AC 或 DC。

(2)选择 Y 轴灵敏度。估计被测信号的峰峰值(如果采用衰减探头,应除以衰减倍数;在耦合方式取 DC 挡时,还要考虑叠加的直流电压值),将 Y 轴灵敏度选择"V/div"开关(或 Y 轴衰减开关)置于适当挡级。在实际使用中,如不需读测电压值,则可适当调节 Y 轴灵敏度微调(或 Y 轴增益)旋钮,使屏幕上显现所需要高度的波形。

(3)选择触发(或同步)信号来源与极性。通常将触发(或同步)信号极性开关置于"+"或"-"挡。

(4)选择扫描速度。根据被测信号周期(或频率)的大约值,将 X 轴扫描速度(或扫描范围)开关"t/div"置于适当挡级。在实际使用中,如不需读测时间值,则可适当调节扫速微调(或扫描微调)旋钮"t/div",使屏幕上显示测试所需周期数的波形。如果需要观察的是信号的边沿部分,则扫速开关"t/div"应置于最快扫速挡。

(5)输入被测信号。被测信号由探头衰减后(或由同轴电缆不衰减直接输入,但此时的输入阻抗降低、输入电容增大),通过 Y 轴输入端输入示波器。

(6)触发(或同步)扫描。缓缓调节触发电平(或同步)旋钮,屏幕上显现稳定的波形,根据观察需要,适当调节电平旋钮,以显示相应起始位置的波形。

(三)示波器的测试应用

1.电压的测量

利用示波器所做的任何测量,都归结为对电压的测量。示波器可以测量各种波形的电压幅度,既可以测量直流电压和正弦电压,又可以测量脉冲或非正弦电压的幅度。更重要的是它可以测量一个脉冲电压波形各部分的电压幅值,如上冲量或顶部下降量等。这是其他任何电压测量仪器都不能比拟的。

(1)直接测量法。所谓直接测量法,就是直接从屏幕上量出被测电压波形的高度,然后换算成电压值。定量测试电压时,一般把 Y 轴灵敏度开关的微调旋钮转至"校准"位置上,这样,就可以从"V/div"的指示值和被测信号占取的纵轴坐标值直接计算出被测电压值。所以,直接测量法又称为标尺法。

1)交流电压的测量。将 Y 轴输入耦合开关置于"AC"位置,显示出输入波形的交流成分。当交流信号的频率很低时,则应将 Y 轴输入耦合开关置于"DC"位置。

将被测波形移至示波管屏幕的中心位置,用"V/div"开关将被测波形控制在屏幕有效工作面积的范围内,按坐标刻度片的分度读取整个波形所占 Y 轴方向的度数 H,则被测电压的峰峰值 V_{P-P} 等于"V/div"开关指示值与 H 的乘积。如果使用探头测量时,应把探头的衰减量计算在内,即把上述计算数值乘 10。

例如示波器的 Y 轴灵敏度开关"V/div"位于 0.2 挡级,被测波形占 Y 轴的坐标幅度 H 为 5div,则此信号电压的峰峰值为 1V。如是经探头测量,仍指示上述数值,则被测信号电压的峰峰值就为 10V。

2)直流电压的测量。将 Y 轴输入耦合开关置于"地"位置,触发方式开关置"自动"位置,使屏幕显示一条水平扫描线,此扫描线便为零电平线。

将 Y 轴输入耦合开关置"DC"位置,加入被测电压,此时,扫描线在 Y 轴方向产生跳变位移 H,被测电压即为"V/div"开关指示值与 H 的乘积。

直接测量法简单易行,但误差较大。产生误差的因素有读数误差、视差和示波器的系统误差(衰减器、偏转系统、示波管边缘效应)等。

(2)比较测量法。比较测量法就是用一已知的标准电压波形与被测电压波形进行比较求得被测电压值。

将被测电压 V_x 输入示波器的 Y 轴通道,调节 Y 轴灵敏度选择开关"V/div"及其微调旋钮,使荧光屏显示出便于测量的高度 H_x 并做好记录,且"V/div"开关及微调旋钮位置保持不变。去掉被测电压,把一个已知的可调标准电压 V_s 输入 Y 轴,调节标准电压的输出幅度,使它显示与被测电压相同的幅度。此时,标准电压的输出幅度等于被测电压的幅度。比较法测量电压可避免垂直系统引起的误差,从而提高了测量精度。

2.时间的测量

示波器时基能产生与时间呈线性关系的扫描线,因而可以用荧光屏的水平刻度来测量波形的时间参数,如周期性信号的重复周期、脉冲信号的宽度、时间间隔、上升时间(前沿)和下降时间(后沿)、两个信号的时间差等。

将示波器的扫速开关"t/div"的"微调"装置转至校准位置时,显示的波形在水平方向刻度所代表的时间可按"t/div"开关的指示值直读计算,从而能较准确地求出被测信号的时间参数。

3.相位的测量

利用示波器测量两个正弦电压之间的相位差具有实用意义,用计数器可以测量频率和时间,但不能直接测量正弦电压之间的相位关系。利用示波器测量相位的方法很多,下面仅介绍一种常用的简单方法——双踪法。

双踪法是用双踪示波器在荧光屏上直接比较两个被测电压的波形来测量其相位关系。测量时,将相位超前的信号接入 YB 通道,另一个信号接入 YA 通道,选用 YB 触发。调节"t/div"开关,使被测波形的一个周期在水平标尺上准确地占满 8div,这样,一个周期的相角 360° 被 8 等分,每 1div 相当于 45°。读出超前波与滞后波在水平轴的差距 T,按下式计算出相位差 φ:$\varphi = \dfrac{45°}{\text{div}} T(\text{div})$,如 $T = 1.5\text{div}$,则 $\varphi = \dfrac{45°}{\text{div}} \times 1.5\text{div} = 67.5°$。

4.频率的测量

对于任何周期信号,可用前述的时间间隔的测量方法,先测定其每个周期的时间 T,再用 $f = 1/T$ 求出频率 f。

例如示波器上显示的被测波形,一周期为 8div,"t/div"开关置"1μs"位置,其"微调"置"校准"位置。则其周期和频率计算如下:$T = \dfrac{1μs}{\text{div}} \times 8\text{div} = 8μs$,$f = \dfrac{1}{8μs} = 125\text{kHz}$,所以,被测波形的频率为 125kHz。

(四)使用不当造成的异常现象

示波器在使用过程中,往往由于操作者对于示波原理不甚了解和对示波器面板控制装置的功能不熟悉,会出现由于调节不当而造成异常现象。现把示波器使用过程中,常见的因使用不当而造成的异常现象及其原因罗列于下,仅供参考。

现象 1:没有光点或波形。

原因:电源未接通。

　　　　辉度旋钮未调节好。

　　　　水平位移、垂直位移旋钮位置调偏。

　　　　Y 灵敏度开关调整不当,造成直流放大电路严重失衡。

现象 2:水平方向展不开。

原因:触发源选择开关置于外挡,且无外触发信号输入,则无锯齿波产生。

　　　　电平旋钮调节不当。

　　　　稳定度电位器没有调整在使扫描电路处于待触发的临界状态。

　　　　X 轴选择误置于 X 外接位置,且外接插座上又无信号输入。

现象 3:垂直方向无显示。

原因:输入耦合方式 DC -接地- AC 开关被误置于接地位置。

　　　　输入端的高、低电位端与被测电路的高、低电位端接反。

　　　　输入信号较小,而"V/div"被误置于低灵敏度挡。

现象 4:波形不稳定。

原因:电平调节电位器顺时针旋转过度,致使扫描电路处于自激扫描状态(未处于待触发的临界状态)。

　　　　触发耦合方式 AC,AC(H),DC 选择按键未能按照不同触发信号的频率正确选择相应挡级。

　　　　部分示波器扫描处于自动挡(连续扫描)时,波形不稳定。

现象 5:垂直线条密集或呈现一矩形。

原因:"t/div"开关选择不当,致使 $f_{扫描} \ll f_{信号}$。

现象 6:水平线条密集或呈一条倾斜水平线。

原因:"t/div"开关选择不当,致使 $f_{扫描} \gg f_{信号}$。

现象 7:垂直方向的电压读数不准。

原因:未进行垂直方向的偏转灵敏度(V/div)校准。

　　　　进行 V/div 校准时,"V/div"微调旋钮未置于校正位置(即逆时针方向未旋足)。

　　　　进行测试时,"V/div"微调旋钮调离了校正位置(即调离了逆时针方向旋足的位置)。

　　　　使用 10:1 衰减探头,计算电压时未乘以 10 倍。

　　　　被测信号频率超过示波器的最高使用频率,示波器读数比实际值偏小。测得的是峰峰值,正弦有效值需换算求得。

现象 8:水平方向的读数不准。

原因:未进行水平方向的偏转灵敏度(t/div)校准。

　　　　进行"t/div"校准时,"t/div"微调旋钮未置于校准位置(即逆时针方向未旋足)。

　　　　进行测试时,"t/div"微调旋钮调离了校正位置(即调离了逆时针方向旋足的位置)。

　　　　扫速扩展按下时,测试未按"t/div"开关指示值提高灵敏度 5 倍计算。

现象 9:交直流叠加信号的直流电压值分辨不清。

原因:Y 轴输入耦合选择开关"DC -接地- AC"误置于 AC 挡(应置于 DC 挡)。

　　　　测试前未将"DC -接地- AC"开关置于接地挡进行直流电平参考点校正。

　　　　Y 灵敏度开关未调整好。

现象 10：测不出两个信号间的相位差（波形显示法）。

原因：双踪示波器误把内触发开关置于常态位置。

双踪示波器没有正确选择显示方式开关的交替和断续挡。

现象 11：调幅波形失常。

原因："t/div"开关选择不当，扫描频率误按调幅波载波频率选择（应按音频调幅信号频率选择）。

现象 12：波形调不到要求的起始时间和位置。

原因：稳定度电位器未调整在待触发的临界触发点上。

触发极性（＋、－）与触发电平（＋、－）配合不当。

触发方式开关误置于自动挡（应置于常态挡）。

6.4　交流毫伏级电压表简介

TC2172A 是一种普通的交流毫伏级电压表，如图 6.4.1 所示，其测量频率范围为 5Hz～2MHz，交流电压范围为 $30\mu V～100V$。表头的读数为交流电压的有效值，还具有分贝刻度，可用作电平指示。可作为前置放大器，给后级放大电路提供输入信号。

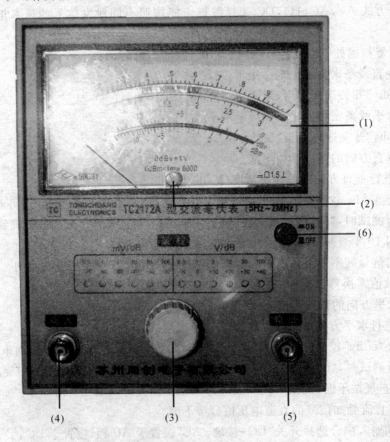

图 6.4.1　交流毫伏级电压表面板图

一、面板及各功能开关和旋钮

TC2172A 交流毫伏级电压表面板如图 6.4.1 所示。

(1)表头。用于读取电压有效值和分贝值。

(2)零点调节。用于调整表头指针的机械零点。

(3)量程选择开关。电压量程共分为 12 挡,每挡标明了在此挡位所能测量的最大电压的有效值。为了便于读数,采用了 10dB 的步进衰减器来选择电压量程。

(4)输入插座。由此输入待测电压信号。

(5)输出插座。当此表用作前置放大器使用时,可提供输出信号。量程开关选在 10mV 挡时,输出电压近似等于输入电压;当量程开关选择更高或更低一挡时,放大倍数也随之增大或减小 10dB。

(6)电源开关。

二、使用方法

在电子技术实验中,交流毫伏级电压表主要用来测量正弦信号电压的有效值,这里简单介绍一下典型的测量方法。

(1)开机前先检查指针是否指在零点位置,若偏离零点,可调节"零点调节"螺丝。

(2)将量程选择开关置于 10V 挡,打开电源开关,预热。

(3)将输入端的测量线接于被测电压两端,红色夹接测试点,黑色夹接公共端(地)。

(4)转动量程选择开关,选择适当的量程。

(5)被测电压读数法。毫伏级电压表上有两条电压标尺线,上面一条 $0\sim1.0$ 标尺线用于量程选择挡置于 1×10^nV 时读数,下面的 $0\sim3.0$V 标尺线用于量程选择挡置于 3×10^nV 时读数。例如,量程开关置于 100mV 时,指针指在 $0\sim1.0$ 标尺的 0.40 刻度处,即毫伏级电压表测得输入电压有效值为 $0.40\times100\text{mV}=40\text{mV}$。若量程开关置于 300mV 时,指针在 $0\sim3.0$V 标尺线的 2.2 处,毫伏级电压表所测得的电压为 $2.2\times300\text{mV}/3=220\text{mV}$。

(6)为减小测量误差,读取数据时应旋转量程开关,使表针停在大于 1/3 满刻度的范围内。

三、注意事项

(1)当使用较高灵敏度(毫伏级电压表小量程)时,应先将量程选择开关旋至高量程挡,接好被测电路后,逐步减小量程直至合适的量程。

(2)在测量时,先接上公共地端,然后接入测量端。测量完毕后,先将量程选择开关旋至高量程,断开测量端,然后断开公共接地端。这样可以避免在小量程上,外界电场的干扰将表头指针打坏。

(3)此毫伏级电压表在测量时不能悬空使用(不共地)。

(4)在暂时不使用时,必须将毫伏级电压表的输入短路(即将红色、黑色夹夹在一起),以免外界电场电压干扰而损坏表头。

6.5 数字万用表简介

数字万用表是用数字编码方式并以十进制数字自动显示多种测量结果的一种电测量仪表。

数字万用表的主要测量功能：直流电压测量、直流电流测量、交流电压测量、交流电流测量、电阻测量、电路通断测试、二极管测试等。数字式万用表具有输入阻抗高、误差小、读数直观的优点。因其显示较慢，故一般用于测量不变的电流、电压值。图6.5.1所示是数字万用表外形图。

图 6.5.1　数字万用表外形图

数字万用表是较复杂的电子测量工具，使用时要正确按说明书去操作，留意常规的注意事项，保持良好的使用习惯，以提高仪表的使用寿命和稳定仪表的准确度。

一、使用前的注意事项

(1)注意检查电池，将数字万用表的 ON－OFF 钮按下，如果电池不足，则显示屏左上方会出现电池正负极符号，此时则需更换电池。

(2)注意测试表插孔旁的符号，这是警告你要留意测试电压和电流不要超出指示数字，否则内部保护电路将受损坏。

(3)插孔和转换开关的使用，先要根据测试项目选择插孔或转换开关的位置，由于在使用过程中，测量电压、电阻等交替地进行，一定不要忘记换挡。切不可用测电阻、电流挡来测电压，如果用直流电流或电阻挡误测 220V 交流电源，万用表就会立刻烧毁。

(4)测试表笔的使用。万用表有红、黑两根表笔，位置不能接反或接错。否则，会带来测试错误或判断失误。一般万用表测电压或电阻时将黑表笔插入 COM 插孔,红表笔插入 V/Ω 插孔。测电流时将黑表笔插入 COM 插孔,红表笔插入 A 或 mA 插孔(红表笔和黑表笔的使用要根据测量需要而定)。

二、具体电量的测量

1. 电压测量

将黑表笔插入 COM 插孔,红表笔插入 V/Ω 插孔。测直流电压时,将功能开关置于 DCV 量程范围(测交流电压时,则应置于 ACV 量程范围),并将测试表笔连接到被测负载或信号源上,在显示电压读数时,同时会指示出红表笔所接电源的极性。

如果不知被测电压的范围,则先将功能开关置于最大量程后,视情况降至合适量程。如果显示屏上只显示"1",表示测量值过量程,功能开关应置于更高量程。

2. 电阻的测量

将黑表笔插入 COM 插孔,红表笔插入 V/Ω 插孔(注意红表笔极性为"+")。将功能开关置于所需电阻阻值的量程上,将测试笔跨接在被测电阻上。当输入开路时,会显示过量程状态"1"。如果被测电阻超过所用量程,则会指示出过量程"1",须用高挡量程。当被测电阻在 1MΩ 以上时,该表需数秒后方能稳定读数,对于高电阻测量,这是正常的。

检测在线电阻时,须确认被测电路已关掉电源,同时已放完电,方能进行测量。用 200MΩ 量程进行测量时须注意,在此量程,两表笔短接时读数为 1.0,这是正常现象,此读数是一个固定的偏移值。如被测电阻 100Ω 时,读数为 101.0,正确的阻值是显示减去 1.0,即 101.0−1.0=100Ω。

3. 电流测量

将黑色表笔插入 COM 插孔,当测量值不大于 200mA 时,红色表笔插入 mA 插孔,当测量值最大为 20A 时,红色表笔插入 20A 插孔。将功能开关置于 DCA 量程(测交流电流时,则应置于 ACA 量程范围),并将测试表笔串入到待测回路中。

注意量程的选择,最大输入电流为 200mA 或 20A,取决于所使用的插孔,200mA 量程有保险丝保护,20A 量程则无。

4. 电容测试(指对表身带有电容测试座的万用表)

此表本身已对电容设置了保护,故在测试电容过程中,无须考虑电容极性和电容充放电等情况,当测量电容时,将待测电容插入电容测试座 Cx 中。测量大电容时,稳定读数需要一定的时间。

5. 二极管测量

测量二极管时,把转换开关拨到有二极管图形符号所指示的挡位上。红表笔接正极,黑表笔接负极。对硅二极管来说,应有 500~800mV 的数字显示。若把红表笔接负极,黑表笔接正极,表的读数应为"1"。若正反测量都不符合要求,则说明二极管已损坏。

6. 短路线的检查

将功能开关拨到短路测量的挡位上,将红黑表笔放在要检查的线路两端。如电阻小于 50Ω,则万用表内置蜂鸣器发出声音。

7. 晶体管 h_{FE} 测试

将万用表功能开关置于 h_{FE} 量程,确定晶体管是 NPN 还是 PNP 型,将基极 B、发射极 E、集电极 C 分别插入相应的孔内,显示屏上将给出 h_{FE} 的近似值。

6.6 TKDG—2 高级电工技术实验装置介绍

一、概述

TKDG—2 高级电工技术实验装置可进行电工学、电路的实验教学。该装置由实验屏、实验桌和若干实验组件挂箱等组成。

二、实验装置面板图及实验装置面板的区域划分

TKDG—2 高级电工技术实验装置的面板图及区域划分分别如图 6.6.1 和表 6.6.1 所示。

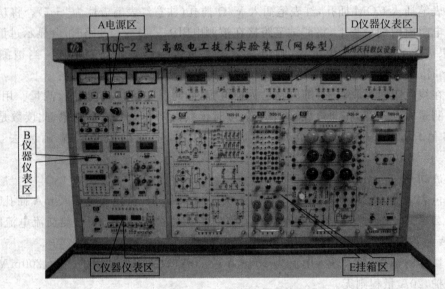

图 6.6.1 电工技术实验装置外观图

表 6.6.1 区域分布图说明

TKDG 高级电工技术实验装置(网络型)	
A 电源区	D 仪器仪表区
B 仪器仪表区	E 挂箱区
C 仪器仪表区	

三、实验屏的操作与使用说明

实验屏上固定安装着交流电源的启动控制装置、0～450V 指针式交流线电压表、三相交流电源电压指示切换装置、三相调压输出、交流电压表、直流稳压电源、直流电流源、实验管理器、功率函数信号发生器、日光灯灯管电路,长条板内装有交流电压表、交流电流表、直流电压

表、直流电流表、交流毫伏级电压表。

1. 交流电源的启动

(1)实验屏的左后侧有一根接有三相四芯插头的电源线,先在电源线下方的接线柱上接好机壳的接地线,然后将三相四芯插头接到三相四芯 380V 交流市电。开启空气开关,屏左侧的三相四芯插座即可输出三相 380V 交流电。如需要,在此插座上可插另一实验装置的电源线插头,但连同本装置在内,串接的实验装置不能多于三台。

(2)将实验屏左侧面的三相自耦调压器的手柄调至零位,即逆时针旋到底。

(3)将"电压指示切换"开关置于"三相电网输入"侧。

(4)开启钥匙式电源总开关,停止按钮灯亮(红色),三只指针式电压表,(0~450V)指示出输入三相电源线电压之值,此时,实验屏左侧面单相二芯 220V 电源插座和右侧面的单相三芯 220V 处均有相应的交流电压输出。

(5)按下启动按钮(绿色),红色按钮灯灭,绿色按钮灯亮,同时可听到屏内交流接触器的瞬间吸合声,面板上与 U1,V1 和 W1 相对应的黄、绿、红三个 LED 指示灯亮,至此,实验屏启动完成。

2. 三相可调交流电源输出电压的调节

(1)将三相"电源指示切换"开关置于右侧(三相调压输出),三只指针式电压表指针回到零位。

(2)按顺时针方向缓慢旋转三相自耦调压器的手柄,三只指针式电压表将随之偏转,即指示出屏上三相可调电压输出端 U,V,W 两两之间的线电压之值,直至调节到某实验内容所需的电压值。实验完毕,将旋柄调回零位,并将"电压指示切换"开关拨至左侧。

3. 用于实验的日光灯使用

本实验屏上有一个 30W 的日光灯管,供实验使用。实验用灯管的四个引脚已独立引至实验屏上,以供日光灯实验用。

4. 定时兼报警记录仪

(1)定时器与报警记录仪是专门为教师对学生的实验考核而设置的,可以调整考核时间。到达设定时间,可自动断开电源。

操作方法:

1)开机即显示当前时钟。

2)设置键:当按设置键时,时钟不走动,表示可以输入定时时间,按数位键把小数点移到要修改的位置,按数据键,让数码管显示当前所需值,末位输入 9,再按设置键,显示"666666"时,表明设置成功。当显示"55555"时,表明输入有误,需重新输入。

3)定时键:可查询当前定时时间。

4)故障键:可查询当前故障。

按"故障"键,数显分别显示"NO.1—NO.6"单元报警次数。

(2)运行提示。

1)计时时间达到所设定的结束(报警)时间后,机内接触器跳闸。

2)跳闸后,有两种方法可使本表恢复到初始状态:

方法一:按"设置"键,设置新的结束时间。

方法二:切断本装置的总电源,10s 后重新启动。

5.直流电压源

开启直流稳压电源带灯开关,两路输出插孔均有电压输出。

(1)将"显示切换"按键弹起,数字式电压表指示第一路输出的电压值 V1;将此按键按下,则电压表指示第二路输出的电压值 V2。

(2)调节"输出调节"细调电位器旋钮可平滑地调节输出电压值。调节范围为 0~10V,10~20V,20~30V(切换粗调开关),额定电流为 1A。

(3)两路稳压源既可单独使用,也可组合构成 0~±30V 或 0~+60V 电源。

(4)两路输出均设有短路软截止保护功能,但应尽量避免输出短路。

6.直流电流源

开启直流电流源带灯开关,单路输出插孔有电流输出。

将负载接至"直流电流源"输出端,开启自动测量开关,数字式电流表即自动指示输出电流之值。调节"输出粗调"转换开关和"输出细调"电位器旋钮,可在三个量程段(满度为 0~2mA,0~20mA 和 0~500mA)连续调节输出的电流值。本电流源设有开路保护功能。

操作注意事项:当输出口接有负载时,如果需要,将"输出粗调"波段开关从低挡向高挡切换,则应将输出"细调旋钮"调至最低(逆时针旋到头),再拨动"输出粗调"开关,否则,会使输出电压或电流突增,可能会导致负载器件损坏。

7.直流数字电压表

直流数字电压表是一种三位半数显直流电压表,量程自动切换,被测电压的范围为 0~300V 。被测电压信号应并接在"0~300V"的"+""-"两个插孔处。

控制键盘功能说明:

按下设置键,就可以设置要告警的电压,设置告警的电压通过数位键(切换数码管位数)和数据键(0~9 之间变化)共同完成。告警的电压数值设置好后,按下确认键即可。

按存储键可存储当前的电压数值。

按查询键可查询电压存储的数值。

8.直流数字毫安级电流表

直流数字毫安级电流表是一种三位半数显直流电流表。量程自动切换,被测电流的范围为 0~2 000mA,"+""-"两个输入端应串接在被测的电路中,其余同上。

电流插头和电流插座是在电路中将电流表串接入电路的特殊元件,实际接线时可将电流插座的两端单独串联入被测量电路,测量时将电流插头的红黑两端分别按同色接入电流表,然后,将电流插头端插入电流插座(即把电流表串接入电路)进行测量,如图 6.6.2 所示。

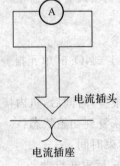

图 6.6.2　电流表测量方法

9. 交流数字电压表

交流数字电压表是一种三位半数显交流电压表,量程分 10V,100V,500V 三挡,被测电压信号应并接在"0～500V"的两个插孔处。手动调挡时,要注意选择合适的量程,若被测电压值超过所选择挡位的极限值,则该仪表告警指示灯亮,切断控制屏的电源,重新启动控制屏电源,选择合适量程(此时告警记录仪记录读仪表告警次数)。

10. 交流数字电流表

其结构特点类同交流数字电压表,只是量程为 0.1A,1A,5A 三挡。使用方法类同数字直流电流表。

11. 函数信号发生器

见第 6 章 6.2 节。

12. 交流毫伏级电压表

交流毫伏级电压表的测量范围为 0～600V,挡位分 200mV,2V,20V,200V,600V 五挡。测量前先将挡位按到最高挡 600V,再加入被测的信号,并根据信号的大小,选择合适的量程。

四、实验桌

实验桌上装置有实验控制屏,并有一个较宽敞的工作台面,在实验桌的正前方设有两个抽屉,用于放置实验连接线等配件。

五、实验组件挂箱

1. TKDG—03 电工基础实验挂箱(大)

TKDG—03 电工基础实验挂箱提供基尔霍夫定理、叠加原理、戴维宁定理/诺顿定理、双口网络/互易定理、一阶和二阶动态电路、RC 串并联选频网络、RLC 串联谐振电路。各实验器件齐全,实验单元分明,实验线路完整清晰。在需要测量电流的支路上均设有电流插座,如图6.6.3 所示。

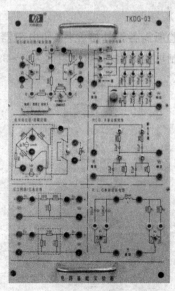

图 6.6.3　TKDG—03 电工基础实验挂箱

2. TKDG—04 交流电路实验挂箱(大)

TKDG—04 交流电路实验挂箱提供单相、三相、日光灯、变压器、互感器、电度表等实验所需的器件,如图 6.6.4 所示。

灯组负载为三个各自独立的白炽灯组,可连接成 Y 形或△形两种形式,每个灯组设有 3 只并联的白炽灯螺口灯座(每个灯组均设有三个开关,控制三个并联支路的通断),可装 60W 以下的白炽灯 9 只,各灯组均设有电流插座。日光灯实验器件有 30W 镇流器、4.7μF 电容器、2μF 电容器、启辉器插座、短路按钮各 1 只;36V/220V 升压变压器的原、副边均设有电流插座;互感器,实验时可临时挂上,两个空心线圈 L_1,L_2 装在滑动架上,可调节两个线圈间的距离,可将小线圈放到大线圈内,并附有大、小铁棒各 1 根和非导磁铝棒 1 根;电度表 1 只,其规格为 220V,3/6A,实验时临时挂上,其电源线、负载进线均已接在电度表接线架的空心接线柱上,以便接线。

图 6.6.4　TKDG—04 交流电路实验挂箱

3. TKDG—05 元件挂箱(小)

TKDG—05 元件挂箱提供实验所需各种外接元件(如电阻器、发光二极管、稳压管、电容器、电位器及 12V 灯泡等),还提供十进制可变电阻箱,输出阻值为 0～99 999.9Ω/1W,如图 6.6.5 所示。

图 6.6.5　TKDG—05 元件挂箱

4. TKDG—06 智能功率、功率因数表

功率表可以测量电压、电流、功率等。将要测量的电压加入到电压测试端，电流串入到测试端。先按功能键选择所需测量项目，再按确认键就可以读出电压、电流、功率等数值，如图6.6.6所示（功率表的原理及使用说明见附件部分）。

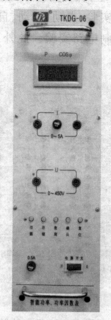

图 6.6.6　TKDG—06 智能功率、功率因数表

5. TKDG—10 受控源实验挂箱(小)

电源为内部供给(打开电源开关)，通过适当的连接(见实验指导书)，可获得 VCVS,VCCS, CCVS,CCCS 等功能。此外，还可输出±12V 两路直流稳定电压，并有发光二极管指示，可作为电源进行对外供电。可以完成受控源实验、回转器实验和负阻抗变换器实验，如图6.6.7所示。

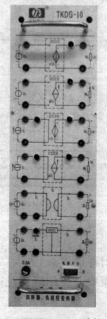

图 6.6.7　TKDG—10 受控源挂箱

6. TKDG—14 继电接触控制实验挂箱（大）

TKDG—14 继电接触控制实验挂箱提供三个交流接触器、一个时间继电器、一个热继电器、三个复式按钮，一个变压线圈提供 220V 转为 26V 和 6.3V，如图 6.6.8 所示。

三相鼠笼式异步电动机可完成 Y -△ 启动实验；用接触器、按钮实现 Y -△ 启动实验；三相定子绕组串电阻降压启动及反接制动实验；点动、长动、自锁、互锁、过载以及实现正、反转控制实验；能耗制动实验；电动葫芦电气控制电路实验。此外，还能进行其他继电接触控制等方面的实验。

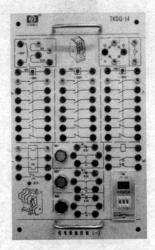

图 6.6.8　TKDG—14 继电接触控制挂箱

7. 电容箱

电容箱提供 $1\mu F$，$2.2\mu F$，$4.7\mu F$ 电容及组合电容，如图 6.6.9 所示。

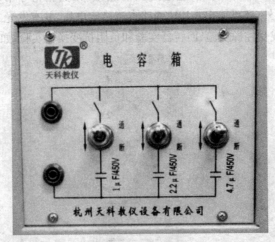

图 6.6.9　电容箱

8. 电能表

电能表是用来测量电能的仪表，旧称电度表、火表、千瓦小时表。如图 6.6.10 所示为单相机电式电能表（单相机电式电能表的原理及使用说明见附件部分）。

图 6.6.10　单相电能表

9.互感线圈

互感线圈如图 6.6.11 所示。

图 6.6.11　互感线圈

10.三相鼠笼式异步电动机

三相鼠笼式异步电动机如图 6.6.12 所示。

以两台三相鼠笼式异步电动机为一组,可进行 Y-△启动、点动、长动、自锁、互锁、过载实验以及实现正、反转控制、时间控制、能耗制动等实验。

图 6.6.12 三相鼠笼式异步电动机

六、实验连接线

本实验装置根据不同实验项目的特点,配备两种不同的实验连接线。强电部分采用高可靠护套结构手枪插连接线,不存在任何触电的可能。内部采用细如头发丝的无氧铜抽丝制成的多股线,达到超软目的;外包丁晴聚氯乙烯绝缘层,具有柔软、耐压高、强度大、防硬化、韧性好等优点。插头采用实芯铜质件外套铍青铜弹片,接触安全可靠。弱电部分采用弹性铍青铜裸露结构连接线。两种导线都只能配合相应内孔的插座,不能混插,可提高实验的安全及合理性。如图 6.6.13 所示,依次为交流连接线(左 1 上,连接端子较粗),直流连接线(左 1 下,连接端子较细),交直流转接线(左 2),信号线(右 2),电流表插头线(右 1)。

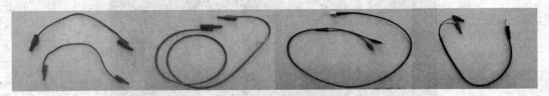

图 6.6.13 实验连接线

七、实验内容

本装置能满足大中专、本科院校进行"电路分析""电工基础""电工学""电工技术""电力拖动""继电接触控制"等课程的教学实验,完成教学所要求的实验内容。

1. 电工实验

完成直流电路、单相交流电路、三相交流电路、磁电以及可控硅等方面的实验。

2. 电子实验

需另外配置相应的挂件,可完成二极管与整流电路、晶体管与放大电路、直流放大与运放电路、振荡电路、脉冲与数字电路等方面的实验。

3. 电力拖动(继电接触控制)实验(TKDG—14 挂件)

对三相鼠笼式异步电动机可完成 Y-△ 启动实验;用接触器、按钮实现 Y-△ 启动实验;三相定子绕组串电阻降压启动及反接制动实验;点动、长动、自锁、互锁、过载以及实现正、反转控制实验;能耗制动实验;电动葫芦电气控制电路实验。此外,还能进行其他继电接触控制等方面的实验。

八、装置的安全保护系统

(1)三相四线制电源输入,总电源由断路器和三相钥匙开关进行控制,设有电压型漏电保护、电流型漏电保护、互导线强制保护三重人身安全保护体系。

(2)控制屏实验电源由交流接触器通过启动、停止按钮进行控制。

(3)屏上装有电压型漏电保护装置,若控制屏内或强电输出有漏电现象,即告警并切断总电源,确保实验进程的安全。

(4)各种电源及各种仪表均有一定的自动保护功能。

(5)屏内设有过流保护装置,当交流电源输出有短路或负载电流过大时,会自动切断交流电源,以保护实验装置。

九、装置的保养与维护

(1)装置应放置平稳,平时注意清洁,长时间不用时最好加盖保护布或塑料布。

(2)使用前应检查输入电源线是否完好,屏上开关是否置于"关"的位置,调压器是否回到零位。

(3)使用中,对各旋钮进行调节时,动作要轻,切忌用力过度,以防旋钮开关等损坏。

(4)如遇电源、仪器及仪表不工作时,应关闭控制屏电源,检查各熔断器熔管是否完好。

(5)更换挂箱时,动作要轻,防止强烈碰撞,以免损坏部件及影响外表等。

十、附件

1.TKDG—06 单相智能功率、功率因数表使用说明

功率表面板示意图如图 6.6.14 所示。

(1)仪表由单片机、高精度 A/D 转换芯片和 LED 数字显示电路构成。

(2)主要功能:

1)测量功率时,输入电压、电流的范围为 0~450V,0~5A。

2)能测量功率因数($\cos\varphi$ 值),并能自动判别负载性质(纯阻性不显示、容性显示 C、感性显示 L)。

(3)面板示意图,如图 6.6.14 所示。

(4)使用方法。

(1)接线:功率表电流线圈和电压线圈的同名端子应首先连接在一起,电流线圈应串联在电路中,电压线圈并联在电路中进行测量。

2)开启电源后,仪表自动进入功率测量状态。测量单位为 W(瓦)。

3)按"功能"键用来选择测试项目,选定项目后,按"确认"键,只要输入端接有相应的信号,即显示相应的测量值。

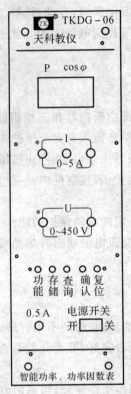

图 6.6.14 功率表面板示意图

面板按键说明:连续按动此键,会依次显示以下项目:U,电压;I,电流;AP,有功功率;EP,无功功率;PP,总功率;COS,功率因数及负载性质。

使用时,根据需要用"功能"键选定一项。对于面板上的 5 个按键,在实际测试过程中,会常用到"功能""确认""复位"三个键。

"功能"键:是仪表测试与显示功能的选择键。若连续按动该键 6 次,则 5 只 LED 数码管将显示 7 种不同的功能指示符号,如表 6.6.2 所示。

表 6.6.2 功率表功能说明

次　数	1	2	3	4	5	6
显示	U	I	AP	EP	PP	COS
含义	电压	电流	有功功率	无功功率	视在功率	功率因数

"确认"键:在选定上述前 6 个功能之一后,按一下"确认"键,该组显示器将切换并显示该功能下的测试结果数据。

"复位"键:在任何状态下,只要按一下此键,系统便恢复到初始状态(显示有功功率测量值)。

"存储"键与"查询"键具体操作过程如下:

接好线路,开机(或按"复位"键),待显示的数据稳定后,读取数据(功率单位为 W)。按下"存储"键,LED 显示 SAV1(表示第一组数据已经储存好),如重复上述操作,显示器将按顺序显示 SAV2,SAV3,…,SAVE,SAVF,表示记录并储存了 15 组测量数据。

按下"查询"键,LED 显示 COS1(表示查询的是第一组功率因数),然后按下"确认"键,就可以显示保存第一组功率因数的值(C 表示容性,L 表示感性;后三位为功率因数值);再按下"查询"键,LED 显示 AP 1(表示查询的是第一组有功功率),然后按下"确认"键,就可以显示保存第一组有功功率的值;如重复上述操作,显示器将顺序显示 COS2,AP2,…,COSF,APF。如果按下"确认"键,显示"FFFF"或者"FFF"表示该组数据没有保存。

(5)注意事项:在测量过程中,外来的干扰信号难免要干扰主机的运行,若出现死机,按"复位"键。

　2. 单相电能表的原理

(1)电能表是一种感应式仪表,是根据交变磁场在金属中产生感应电流,从而产生转矩的基本原理而工作的仪表,主要用于测量交流电路中的电能。如图 6.6.15 所示,它的指示器能随着电能的不断增大(也就是随着时间的延续)而连续地转动,从而能随时反应出电能积累的总数值。因此,它的指示器是一个"积算机构",是将转动部分通过齿轮传动机构折换为被测电能的数值,由数字及刻度直接指示出来。

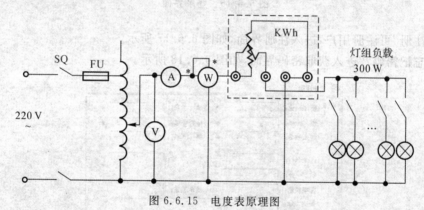

图 6.6.15　电度表原理图

它的驱动元件是由电压铁芯线圈和电流铁芯线圈在空间上、下排列,中间隔以铝制的圆盘。驱动两个铁芯线圈的交流电,建立起合成的特殊分布的交变磁场,并穿过铝盘,在铝盘上产生出感应电流。该电流与磁场的相互作用会产生转动力矩驱使铝盘转动。铝盘上方装有一个永久磁铁,其作用是对转动的铝盘产生制动力矩,使铝盘转速与负载功率成正比。因此,在某一段测量时间内,负载所消耗的电能 W 就与铝盘的转数 n 成正比。即 $N=\dfrac{n}{W}$,比例系数 N 称为电能表常数,常在电度表上标明,其单位是 r/kw·h。

(2)电能表的灵敏度是指在额定电压、额定频率及 $\cos\phi=1$ 的条件下,从零开始调节负载电流,测出铝盘开始转动的最小电流值 $I_{\min}$,则仪表的灵敏度表示为 $S=\dfrac{I_{\min}}{I_{N}}\times100\%$,式中,$I_{N}$ 为电能表的额定电流,$I_{\min}$ 通常较小,约为 I_{N} 的 0.5%。

(3)电能表的潜动是指负载电流等于零时,电能表仍出现缓慢转动的现象。按照规定,无负载电流时,在电能表的电压线圈上施加其额定电压的 110%(达 242V)时,观察其铝盘的转动是否超过一圈,凡超过一圈者,判为潜动不合格。

3. 天科教仪-网络软件(学生使用说明)

双击桌面"网络管理平台"图标或点击"开始菜单/所有程序/天科教仪/网络软件",进入登录界面,如图 6.6.16 所示。

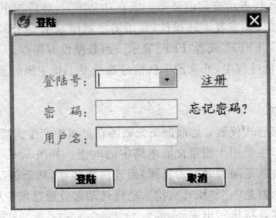

图 6.6.16　登录界面

点击"注册"可注册用户,进入注册界面,如图 6.6.17 所示。
点击"忘记密码?"进入获取密码界面,如图 6.6.18 所示。

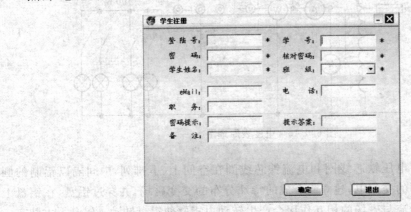

图 6.6.17　注册界面

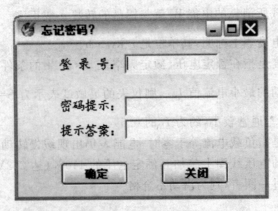

图 6.6.18　找回密码界面

学生进入后,此软件可实现如下功能:实验报告、学生信息、预约实验、综合成绩、实验成绩。

(1)学生信息。用于学生更改个人信息的界面,如图 6.6.19 所示。

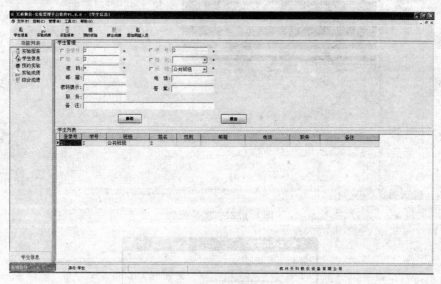

图 6.6.19　学生信息

(2)实验报告。学生选择实验类别后,列表将显示对应学生预约和分配的实验,如图 6.6.20 所示。

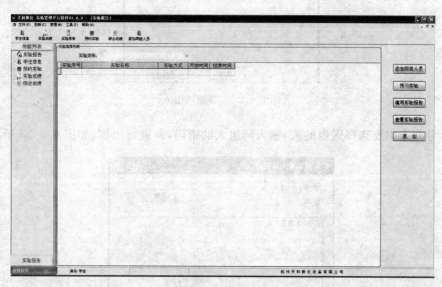

图 6.6.20　实验报告

1)在实验类别对话框中选择"电工实验项目",如图 6.6.21 所示。

2)选择"添加同组人",如图 6.6.22 所示。

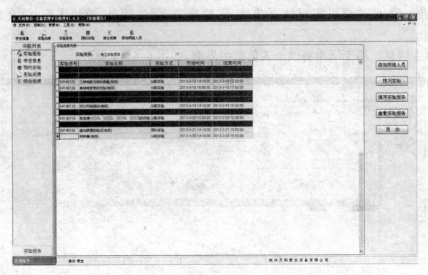

图 6.6.21　实验报告

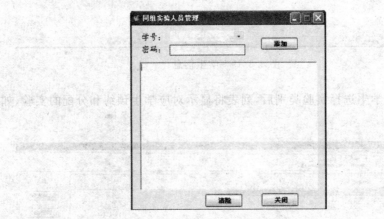

图 6.6.22　添加同组人

在学号列表中要选择同组的人，输入同组人的密码，并进行添加，如图 6.6.23 所示。

图 6.6.23　添加同组人

3)选择符合当前时间和日期的实验名称,点击预习实验,显示实验内容的 PDF,如图 6.6.24所示。

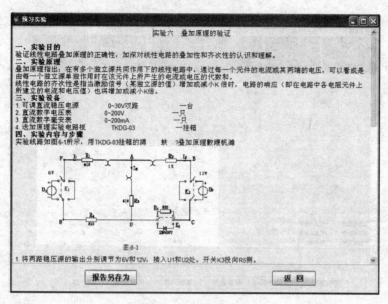

图 6.6.24　PDF 报告

4)点击"返回"回到图 6.6.20界面,点击"填写实验报告",进入实验,填写实验报告,如图 6.6.25 所示。

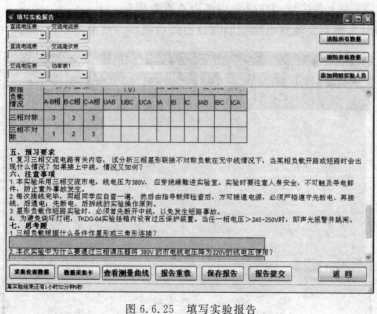

图 6.6.25　填写实验报告

其中:

表格内　　　　(蓝色表格)为学生填写内容。

表格内　　　(黄色表格)为必须用仪表采集数据,不能手动填写。

填写方法：先选择对应的仪表中的数据，然后双击单元格。如果有误，则有错误提示。

5）采集数据，如图 6.6.26 所示。

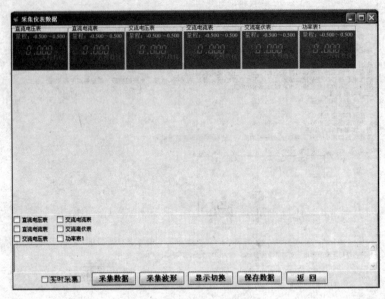

图 6.6.26 仪表数据采集

具体操作：选择实验所需要的仪表，并在相应的仪表前打钩，点击采集数据，相应的仪表会显示和电源控制屏上仪表一样的数据，相应仪表数据采集成功后，点击"保存数据"，再点击"返回"。在图 6.6.25 左上角区域相应仪表内可以查看数据。

6）采集波形（实验需要观察电路波形时点击此功能），否则不用点击，如图 6.6.27 所示。

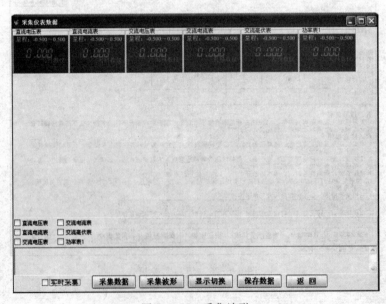

图 6.6.27 采集波形

点击采集波形，如图 6.6.28 所示。

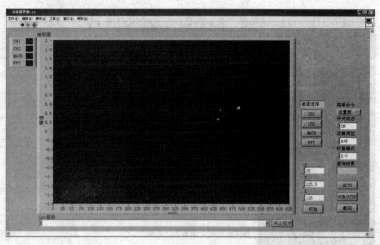

图 6.6.28　采集波形

具体操作：

a. 用 USB 连线将电脑和示波器 USB 口相连，打开示波器电源开关，电脑系统会弹出一个对话框（示波器与电脑第一次连接会出现），如图 6.6.29 所示。

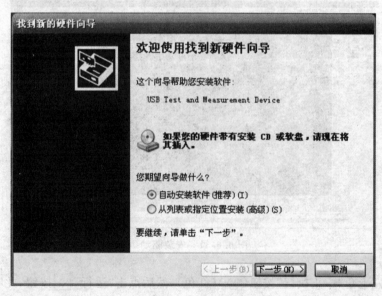

图 6.6.29　驱动安装

点击"下一步"，得到如图 6.6.30 所示。

点击"完成"后：

b. 在示波器界面的 USB 驱动选项框中选择相对应的示波器驱动。

c. 在示波器界面的通道选择列表选择 CH1，点击"校验"，点击"RUN/STOP"，如图 6.6.31 所示。

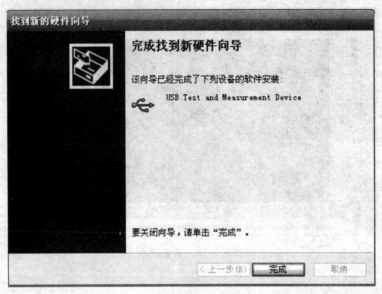

图 6.6.30　安装驱动

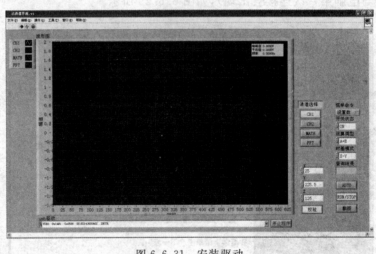

图 6.6.31　安装驱动

　　点击界面左上角"中止执行"按钮（◉）（红色），然后点击"运行" ⇨ 按钮，此时示波器界面如图 6.6.32 所示。

　　d.坐标轴校正（第一次用用软件时）：点击软件界面的"RUN/STOP"，此时示波器上的"RUN/STOP"键为停止，颜色为红色，用手按下示波器右下角的"FORCE"键，此时按下"RUN/STOP"键，颜色为黄色，代表示波器为允许状态。示波器通道选择"CH1"，示波器不接任何信号，示波器屏幕显示的线调整到示波器显示屏的中间，点击软件界面的"RUN/STOP"，此时软件界面的线的幅值对应的数据填写到"Z"的对话框中，如图 6.6.33 所示。

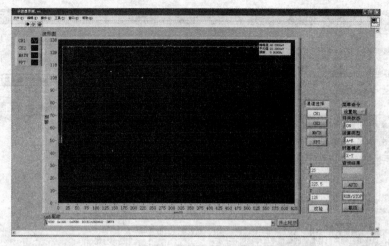

图 6.6.32　驱动安装

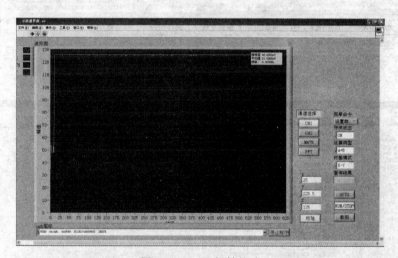

图 6.6.33　坐标轴校验

同理,填写"X"和"Y"与填写"Z"的方案是一样的,三个参数填写好后点击"校正"。

e. 以上 4 步完成后就可以测试波形了,如波形在界面不能完全观察时,可点击软件界面的"AUTO"键。

f. 点击截图,软件界面放大,此时按住鼠标左键,拖动鼠标,选择要所需要的区域,然后按下电脑键盘上的"ESC"键,退出截图。

g. 返回到实验报告中,找到所要粘贴图片的地方,按电脑键盘上的组合键"ctrl+v"就可以了。如果刚粘贴图片不合适等可以点击鼠标右键选择撤销。

h. 点击查看测量曲线,填写数据,如图 6.6.34 所示。

如果想退出软件,可以先保存实验报告。在实验报告完成后,点击提交实验报告。提交后就不能再对报告进行编辑了。提交完成后,学生就可以查看实验报告了。

(1)实验成绩。记录学生每次的实验成绩,如图 6.6.35 所示。

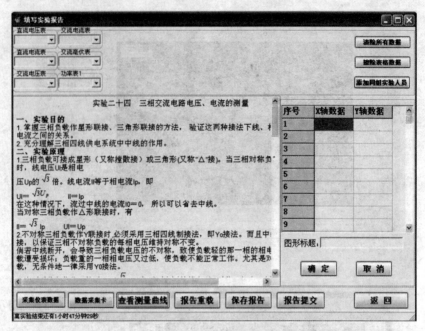

图 6.6.34　查看测量曲线

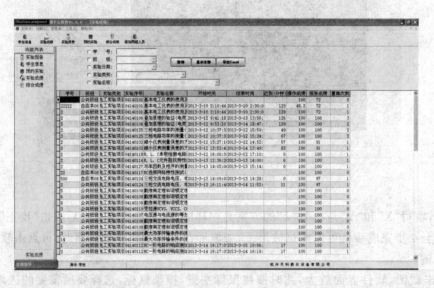

图 6.6.35　实验成绩

(2)综合成绩。记录学生对应实验类别的综合成绩,如图 6.6.36 所示。

(3)预约实验。学生可以对老师允许预约的实验进行预约,如图 6.6.37 所示。

预约实验:是学生对实验的个人预约。当老师有分配实验时,学生不能预约实验。

具体操作:在老师列表选择要预约的那位老师、预约列表中选择要预约的时间段及在实验列表中选择预约的实验名称,点击"确定",系统提示成功代表预约好了实验。

学生可以对自己的实验情况进行查看,点击查看实验情况,如图 6.6.38 所示。

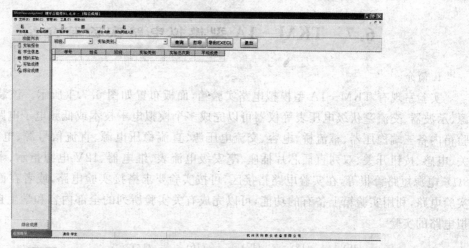

图 6.6.36　综合成绩

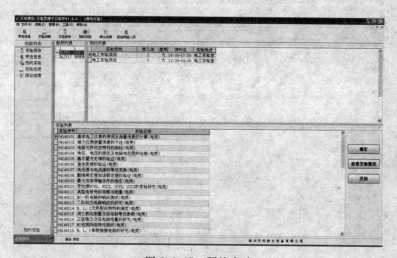

图 6.6.37　预约实验

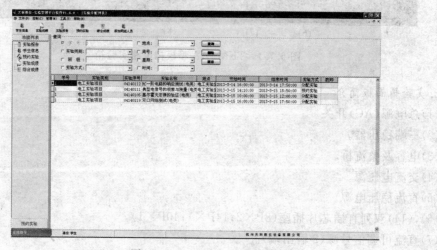

图 6.6.38　查看实验情况

6.7 TKM—1A 型模拟电路实验箱介绍

1.简介

实验室现有 TKM—1A 型模拟电路实验箱,面板布置如图 6.7.1 所示。该装置配合信号源、示波器、交流毫伏级电压表等仪器可以完成多个模拟电子技术或低频电子电路的实验。实验箱内备三端稳压器、整流桥、电容、交流电压源、直流稳压电源、直流信号源、电位器、钮子开关、电感、按钮开关、双列直插芯片插座、毫安级电流表、继电器、12V 电源指示、喇叭(0.25W/8Ω)、电源短路警报等,在实验电路搭接区,可按实验要求搭接实验电路,或者在面包板上搭接实验电路,利用实验箱上备有的功能,可以完成有关实验所列的全部内容和学生自己设计的模拟电路的实验。

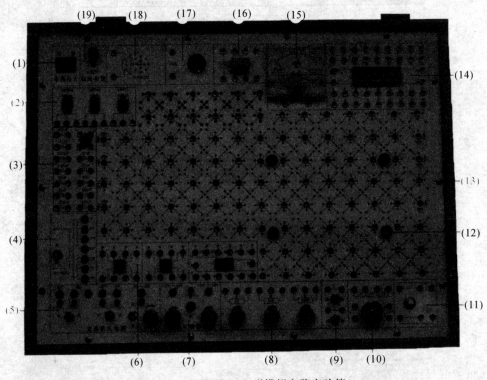

图 6.7.1 TKM—1A 型模拟电路实验箱

2.实验箱面板简介

(1)总电源(AC)开关。

(2)三端稳压器。

(3)电容及整流桥。

(4)交流电压源。

(5)直流稳压电源。

(6),(14)双列直插芯片插座(8P×2;14P×1;40P×1)。

(7)直流可调信号源(2 输出端)。

(8)电位器($1k\Omega$,$10k\Omega$,$100k\Omega$)。

(9)钮子开关。

(10)电感线圈。

(11)按钮开关。

(12)扩展板固定插座。

(13)实验线路搭接区。

(15)毫安级电流表($\leqslant 1mA$)。

(16)继电器。

(17)报警显示($12V$)。

(18)喇叭($0.25W/8\Omega$)。

(19)$+12V$直流电源报警。

3.实验箱配置

(1)电源。

1)输入:AC 220V $\pm 10\%$。

2)输出:DC $\pm 12V$,DC $\pm 5V$。

DC $+1.3V\sim +18V$ 连续可调。

AC 6V,AC 10V,AC 14V,AC 17V$\times 2$。

(2)直流信号源:$-5V\sim +5V$,二路连续可调。

(3)电位器组:有3只独立的多圈电位器,分别为$1k\Omega$,$10k\Omega$,$100k\Omega$。

(4)实验电路板:该实验箱配有单独的实验电路板,可做单管放大电路、负反馈放大电路、差分放大电路、线性运算放大电路、射极跟随器、集成功率放大电路、RC振荡电路。

4.使用说明

(1)接通220V交流电源,闭合总电源开关,检查各输出端的控制开关,若使用,则闭合控制开关,否则关闭控制开关。

(2)连接线。

1)实验箱实验搭接区的插孔使用$\varphi 0.5\ mm$单芯铜线。可以在面包板搭接电路。

2)实验用器件引脚直径超过$\varphi 0.5\ mm$,必须加接$\varphi 0.5\ mm$的引线,以免损坏实验搭接区的插孔或面包板的插孔。

3)布线前应先确定IC和分立元器件的位置,合理分布元器件,布线时要尽可能避免线与线相互交叉,布线要整齐,连线尽量短。

4)实验箱或面包板、各使用仪器必须共地。在接通电源之前,要仔细检查各连接是否正确,确认无误之后,方可接通电源。

5)实验箱的实验搭接区与直流电源通过线径为$\varphi 4mm$的专用导线连接,面包板的直流电源可通过实验搭接区的插孔过度连接。

5.注意事项

(1)在搭接线路时,严禁接通电源。

(2)要分清楚各类元器件,以免误用。

(3)在做完实验后,应先关闭电源,再整理好元器件和连接线。

6.8　数字电路实验箱介绍

1.简介

实验室配备的实验箱能满足数字电子技术课程的全部实验及电子技术课程设计的需要。实验区采用4mm自锁紧插孔及配套连接导线,使连接接触更加可靠并且易于检查,还配有可拆卸式面包板实验区(扩展板),可以满足更加复杂的实验,例如大规模芯片实验及课程设计等。

2.面板布局

实验室数字实验箱有两种类型,分别如图6.8.1和图6.8.2所示。

(1)总电源开关。

(2),(6),(15)实验区。

(3)按钮开关。

(4)脉冲信号源。

(5)单次脉冲。

(7)逻辑笔。

(8)晶振(32 768 Hz)。

(9)直流稳压电源。

(10)+5 V短路报警。

(11)电位器(10 kΩ×2)。

(12)16位电平输出。

(13),(18)元器件扩展区。

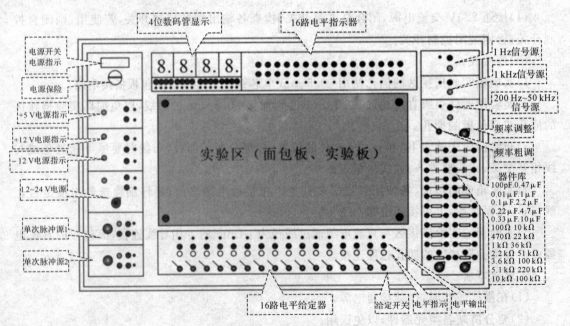

图 6.8.1　数字电路实验箱

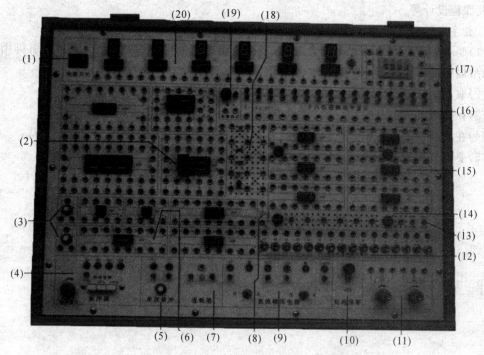

图 6.8.2　TKM—1A 型数字电路实验箱

(14)扩展板固定插孔。

(16)16 位电平显示。

(17)编码器。

(19)报警指示。

(20)6 位 7 段数码显示。

3.数字实验箱的配置

(1)数字实验箱配有+5V,±12V,+1.2～+24V 连续可调电源,实现电源的标准配置。+5V 电源,输出 5V,20A,保护类型:电子式短路保护;±12V 电源,输出±12V,3A,保护类型:电子式短路保护;+1.2～+24V 连续可调电源,输出+1.2～+24V,500mA,保护类型:电子式过载保护及熔断式短路保护。

(2)单次脉冲源。2 个按键触发式单次脉冲源。

(3)脉冲信号源。配有 1Hz,1kHz 脉冲信号源及 300Hz～200kHz 连续可调信号源。

(4)电平给定器及电平指示。配有 16 路电平给定器和 16 路电平指示器,并配有带驱动的 4 位 BCD 数码显示。电平给定器具有 TTL 和 CMOS 电路芯片的驱动。$U_{oH}=5V,U_{oL}=0V$,高电平驱动能力 $I_{oH}=1A$。电平指示器具有非常宽的电压输入范围:$U_{iL}=0～1.4V,U_{iH}=1.5～24V$,5V 输入时吸收电流小于 $10\mu A$。

(5)常用 RC 器件库。配有 100 pF～10μF 的电容,100Ω～220kΩ 的电阻及 10kΩ,100kΩ 的电位器各一个,可以完成数字电子技术全部课程实验而不需增加其他阻容元件。

(6)实验区。实验区采用 4mm 自锁紧插孔及配套连接导线,使连接接触更加可靠并且易于检查,还配有可拆卸式面包板实验区(扩展板),可以满足更加复杂的实验,例如大规模芯片实验及课程设计等。

4.数字实验箱使用的注意事项

(1)要求集成电路的尺寸要符合规定,多次使用的集成电路在插入前,要先将引脚用镊子整理好,以免损坏元件。

(2)取下集成电路时不要用手去拔,要使用起拔器,以免弄弯、弄断引脚。

(3)在插入集成电路时,要注意集成电路的方向(芯片上的缺口向左)。

(4)在线路板上布线时,要注意整齐,尽量不使用过长的导线,以免引起线间干扰。

(5)要认真检查电源接线,确认无误后方可接通电源。

第7章 电子小制作

7.1 音乐门铃（一）

本例介绍一款采用数字电路制作的三音电子门铃，它可以通过对按钮的设置，使输出的音乐有所不同，从而达到区别来客身份的目的。

一、电路工作原理

该音乐门铃电路由编码触发器、多音发生器和音频放大电路组成，如图 7.1.1 所示。

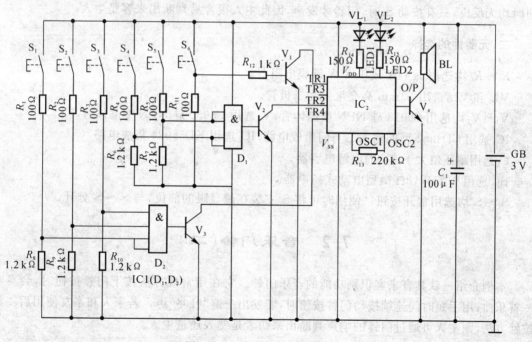

图 7.1.1 音乐门铃电路图（一）

编码触发器由按钮 $S_1 \sim S_6$、四输入二与门（D_1，D_2）集成电路 IC_1、电阻器 $R_1 \sim R_{11}$ 和晶体管 $V_1 \sim V_3$ 等组成。

多音发生器电路由模拟火车声的集成电路 IC_2、发光二极管 VL_1 与 VL_2 和电阻器 $R_{13} \sim R_{15}$ 组成。

音频放大电路由音频放大管 V_4 和扬声器 BL 组成。

C_1 为电源滤波电容器，GB 为电池。

在未按动按钮 $S_1 \sim S_6$ 时，$V_1 \sim V_3$ 为截止，IC_2 不工作，扬声器 BL 中无声音，门铃处于静止状态。

当按动 S_6 时,V_1 因基极输入高电平而导通,在 IC_2 的 TR_1 输入端上产生低电平触发脉冲,使 IC_2 受触发而工作,从其 O/P 端输出音频信号,该信号经 V_4 放大后,通过扬声器 BL 发出火车启动的"哐当"声。当同时按动 S_4 和 S_5 时,IC_1 内与门电路 D_1 的 4 个输入端均为高电平,其输出端也输出高电平脉冲,使 V_2 导通,在 IC_2 的 TR_2 的输出端上产生低电平触发脉冲,IC_2 受触发而工作后,从 O/P 端输出复合音频信号,该信号经 V_4 放大后,驱动扬声器 BL 发出道口铃声+火车启动的"哐当"声。

当同时按动 $S_1 \sim S_3$ 时,IC_1 内与门电路 D_2 的 4 个输入端均变为高电平,其输出端也变为高电平,使 V_3 导通,在 IC_2 的 TR_4 输入端产生低电平触发脉冲,IC_2 受触发工作后,从 O/P 端输出复合音频信号,该信号经 V_4 放大后,驱动扬声器 BL 发出"汽笛声+行驶声+铃声+哐当"的组合声音。

在扬声器发出火车声的同时,发光二极管 VL_1 和 VL_2 同步闪亮。

自家人按门铃时,可同时按动 $S_1 \sim S_3$。亲朋好友按门铃时,可以告诉他们"秘密",让他们同时按动 S_4 和 S_5。生客按门铃是随意的,通常只按某一按钮,该门铃在按动 $S_1 \sim S_5$ 中任一按钮时均无反应,只有按动 S_6 时,门铃才发声,因此主人很容易判断出来客是生人。

二、元器件的选择

$R_1 \sim R_5$ 均选用 1/4 W 或 1/8 W 碳膜电阻器。

VL_1 和 VL_2 选用 φ3mm 高亮度发光二极管。

$V_1 \sim V_3$ 均选用 S9013 硅 NPN 型晶体管;V_4 选用 C8050 硅 NPN 型晶体管。

IC_1 选用 CD4082 型四输入二与门集成电路;IC_2 选用 KD56024 集成电路。

C_1 选用耐压值大于 6V 的电解电容器。

BL 选用 0.25W,8Ω 微型电动式扬声器。

$S_1 \sim S_6$ 均选用常开按钮。使用时可将 S_6 安装在最显眼的部位,与 $S_1 \sim S_5$ 分开。

7.2　音乐门铃(二)

本例介绍一款具有来客识别功能的音乐门铃。它在用常规方法按下门铃按钮时,会奏响一首乐曲;用手短时间连续按动门铃按钮时,能发出三遍"叮咚"声。若家人和亲友使用后一种按铃方法,则主人可通过门铃的响声判断出来访者是熟人还是生人。

一、电路工作原理

该音乐门铃电路由短脉冲识别电路、长脉冲识别电路和音乐发生电路组成,如图 7.2.1 所示。

短脉冲识别电路由六非门集成电路 IC_1 内部的非门 $D_1 \sim D_3$、电阻器 R_2、电容器 C_1,C_2 和二极管 VD_1 与 VD_2 组成。

长脉冲识别电路是由 IC_1 内部的非门 $D_4 \sim D_6$、电阻器 R_3、二极管 VD_3 和电容器 C_3 组成。

音乐发生电路由音乐集成电路 IC_2 与 IC_3、音频放大管 V_1 与 V_2 和扬声器 BL 组成。

S_1 为门铃按钮,R_1 是限流电阻器。

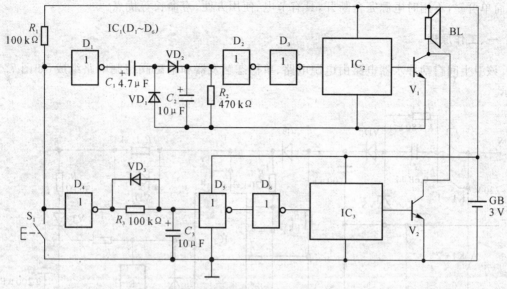

图 7.2.1　音乐门铃电路(二)

当按常规按下 S_1 时，非门 D_1 和非门 D_4 的输入端均变为低电平，输出端均变为高电平。由于 C_1 的隔直作用，非门 D_1 输出端的高电平不能使短脉冲识别电路动作，IC_2 不工作。非门 D_4 输出端的高电平经电阻器 R_3 对电容器 C_3 充电，当 C_3 两端电压高于 $V_{DD}/2$ 时，非门翻转，其输出端变为低电平，使非门 D_6 的输出端变为高电平，IC_3 受触发工作，输出音乐信号，该信号经 V_2 放大后，驱动扬声器 BL 奏响一首乐曲。

当短时间连续按动 S_1 (以每秒钟至少一次的速度连续按动 S_1 三四次)时，会在非门 D_1 和非门 D_4 的输出端产生连续的正脉冲信号，此脉冲信号经 VD_2 整流后对 C_2 充电，当 C_2 两端高于 $V_{DD}/2$ 时，非门 D_2 的输出端变为低电平，非门 D_3 的输出端变为高电平，IC_2 受触发而工作，输出音乐信号。此信号经 V_1 放大后，通过扬声器 BL 发出"叮咚"声响。非门 D_4 输出的正脉冲不能使 C_3 两端电压升高，故长脉冲识别电路不动作，不能触发 IC_3 工作。

二、元器件的选择

$R_1 \sim R_3$ 均选用 1/4W 或 1/8W 碳膜电阻器。

$C_1 \sim C_3$ 均选用耐压值为 10V 的电解电容器。

$VD_1 \sim VD_3$ 均选用 1N4148 硅开关二极管。

V_1 和 V_2 均选用 S9013 或 3DG12 硅 NPN 晶体管。

IC_1 选用 CD4069 六非门集成电路；IC_2 选用 KD153 音乐集成电路；IC_3 选用 KD9300 系列音乐集成电路。

S_1 选用门铃专用的常开按钮。

BL 选用 $0.25 \sim 0.5W$，8Ω 电动式扬声器。

7.3　卫生间自动冲水器

本例介绍的卫生间自动冲水器是在普通坐便器的基础上进行改制的，使用后自动冲水一次,简单可靠,不用时电源完全断开,具有节电、使用方便、寿命长等优点。

一、工作原理

该卫生间自动冲水器电路由电源电路、单稳态触发器和电磁阀控制电路组成,如图 7.3.1 所示。

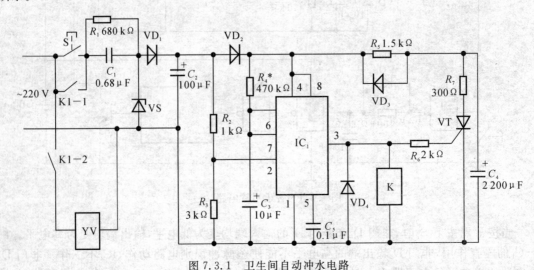

图 7.3.1 卫生间自动冲水电路

电源电路由降压电容 C_1、整流二极管 VD_1、稳压二极管 VS 和电容器 C_2 等组成。

掀开坐便器盖时,开关 S 被接通,交流 220V 电压经 C_1 降压、VD_1 整流、VS 稳压及 C_2 滤波后,为电路提供工作电源。

单稳态触发器电路由时基集成电路 IC_1 和有关外围元件组成。IC_1 的 2 脚触发端初始电压是由 R_2、R_3 分压后高于 $V_{cc}/3$,IC_1 的 3 脚输出低电平,单稳态触发器处于稳态,继电器 K 不动作,大容量电容器 C_4 被充满电。

使用完毕,盖上坐便器盖时,开关 S 断开,电路断电,由于 VD_2 的隔离作用,C_2 上电荷很快被 R_2 和 R_3 放掉,IC_1 第 2 脚变为低电平而被触发。此时大容量电容 C_4 经二极管 VD_3 为 IC_1 供电,单稳态电路被触发后进入暂态,IC_1 的 3 脚变为高电平,继电器 K 吸合。K_{1-1} 闭合后自锁,使电路恢复供电,K_{1-2} 闭合接通电磁阀 YV,开始冲水。同时,电源经电阻器 R_4 为 C_3 充电,当 C_3 充电使 IC_1 的 6 脚电位升高至 $2V_{cc}/3$ 时,暂态结束,IC_1 的 3 脚翻回低电平,继电器 K 释放,K_{1-1} 断开,使整个电路断电,冲水结束。

电路中使用了晶闸管(可控硅)VT 对 C_4 放电,保证只冲水一次。当 IC_1 的 3 脚刚由低电平翻转为高电平时,VT 被触发导通,将 C_4 放电,电压降至 2~3V。若不设置 C_4 放电回路,则 IC_1 暂态结束后,继电器 K 释放,K_{1-1} 突然断开使电路失电,IC_1 的 2 脚又跳变为低电平,C_4 通过 VD_3 为 IC_1 提供工作电源,单稳态电路再次被触发,继电器 K 又吸合……如此循环往复,使电磁阀不停放水,无法实现冲水一次。

二、元器件的选择与制作

IC_1 选用 NE555 时基集成电路。

VT 选用 1A 晶闸管(可控硅),例如 MCR100－6 等型号。

VS 选用 1/2W,12V 稳压二极管。VD$_1$～VD$_3$ 均选用 1N4007 硅整流二极管。VD$_4$ 选用 1N4148 硅开关二极管。

R_1,R_5 和 R_7 选用 2W 线绕电阻器。R_2～R_4,R_6 选用 1/4W 碳膜电阻器。

C_1 选用耐压值为 630V 的涤纶电容器或 CBB 电容器;C_2～C_4 选用耐压值为 25V 的电解电容器;C_5 选用独石电容器。

K 选用带两个常开触头的 12V 小型直流电磁继电器。

YV 选用与抽水坐便器冲水流量相当的、线圈电压为 220V 的电磁阀。

S 选用动合型按钮。

制作时,YV 安装于储水桶与便池之间的管道上,将储水桶中的皮阀门置于常开状态。微动开关安装于坐便器盖铰链处,盖子掀起时能将其闭合。安装完毕后,适当调整 R_4,使一次冲水能将便池冲干净即可。

7.4　病人呼救器

本例介绍一种适合于患有心脏病、高血压、低血糖的病人或老年人携带使用的电子呼救器,它能在使用者发病倒地时发出救护车的鸣笛声和红色闪光警示,以便及时得到周围人的救助。

一、工作原理

该呼救器电路由呼救触发电路、声光报警电路及音频放大输出电路组成,如图 7.4.1 所示。

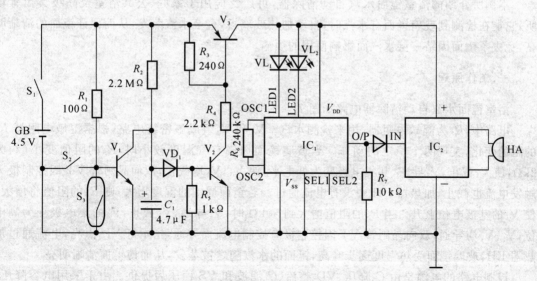

图 7.4.1　病人呼救电路

呼救触发电路由呼救开关 S$_2$、触发开关 S$_3$、晶体管 V$_1$～V$_3$ 和有关外围元件组成。

声光报警电路由音效集成电路 IC_1、电阻器 R_6 和发光二极管 VL_1，VL_2 等组成。

音频放大输出电路由音频功率放大升压模块 IC_2、超响度压电蜂鸣器 HA、二极管 VD_2 和电阻器 R_7 组成。

在使用者正常活动时，电源开关 S_1 和呼救开关 S_2 接通，触发开关 S_3 处于断开状态，V_1 处于饱和导通状态，V_2 和 V_3 截止，IC_2 和 IC_3 均不工作，压电蜂鸣器 HA 无声，发光二极管 VL_1 和 VL_2 不亮。

当需要救护时，可手动接通 S_2 开关；当使用者发病倒地时，S_3 接通，V_1 截止，V_2 和 V_3 导通，IC_1 和 IC_2 通电工作，压电蜂鸣器 HA 发出救护车的鸣笛声，同时发光二极管 VL_1 和 VL_2 点亮，将救护器面板上的"救护"和"药在盒里"字样照亮。

二、元器件的选择

$R_1 \sim R_7$ 均选用 1/4W 碳膜电阻器。

C_1 选用耐压值为 10V 的电解电容器。

S_1 和 S_2 选用小型拨动式开关或按钮自锁式开关；S_3 选用玻璃壳水银开关。

VD_1 和 VD_2 选用 1N4148 硅开关二极管；VL_1 和 VL_2 选用 $\varphi5mm$ 的红色高亮度发光二极管。

V_1 和 V_2 选用 S9014 或 2SC9014 硅 NPN 型晶体管；V_3 选用 2SC8550 或 C8550 硅 PNP 型晶体管。

IC_1 选用 HFC9561B 四音效集成电路；IC_2 选用 TWH68 升压功放模块。

7.5 浴室镜面水汽自动清除器

本例所介绍的浴室镜面水汽自动清除器，可广泛应用于家庭、公共浴室及高级宾馆等场所，它能在检测到玻璃镜面有水汽时，自动加热玻璃板，直至水汽蒸发，从而保证镜面的清晰明亮，免去了镜面因结一层水汽而影响使用的烦恼。

一、工作原理

浴室镜面水汽自动清除器电路如图 7.5.1 所示。

电路中，R_S 为湿敏电阻器，用来检测水汽。V_1 和 V_2 组成施密特电路，根据湿敏电阻器 R_S 的阻值变化，实现两个稳定的动作。当玻璃镜面周围空气湿度较小时，R_S 的阻值变小（约为 $2k\Omega$，使 V_1 截止，V_2 导通，其集电极变为低电平，使 V_3，V_4 均截止，双向晶闸管 VT 因控制极无触发电流也截止，加热器 EH 中没有电流通过。若镜面周围的湿度增大，则 R_S 的阻值将增大，使 V_1 的基极电位上升。当 R_S 的阻值增大到 $50k\Omega$ 时，V_1 导通，V_2 截止，V_2 的集电极变为高电位，V_3，V_4 均导通，双向晶闸管 VT 因控制极有控制电流而导通，指示灯 VL_1 点亮，电流通过加热器 EH，玻璃镜面受热温度逐步升高，镜面的水汽随之被蒸发，从而使镜面清晰明亮。

控制电路的电源是由 C_3 降压、VD_3 整流、C_1 滤波和 VS 稳压后提供。由于采用电容降压，电路板带电调试时，应注意安全。

改变电阻 R_1 的阻值，可使加热器的通、断预先确定在某相对湿度范围内。

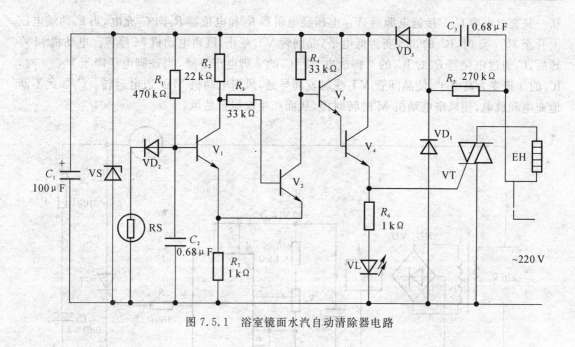

图 7.5.1　浴室镜面水汽自动清除器电路

二、元器件的选择

C_1 和 C_2 选用耐压值为 16V 的电解电容器和涤纶电容器;C_3 选用耐压大于 400V 涤纶电容器或 CBB 电容器。

$R_1 \sim R_7$ 均选用 1/4W 碳膜电阻器。

VS 选用 1/2W、12V 稳压二极管。

$V_1 \sim V_3$ 均选用 2SC1684 硅 NPN 型晶体管;V_4 选用 2SC1317 硅 NPN 型晶体管。

湿敏加热器 RS 选用的是家用录像机上使用的 HDP-07 型结露传感器。

电加热器 EH 可选用电褥子的高绝缘电热丝来代替,其长度可根据镜面的大小来确定。湿敏电热器和电加热器均装在玻璃镜子背面,用导线将它们与电路连接好。

7.6　模拟自然风控制器(一)

本例介绍的模拟自然风控制器,可以控制风扇电动机,使其有规律地时转时停,从而产生阵阵的模拟自然风。

一、工作原理

该模拟自然风控制器电路由电源电路和控制电路组成,如图 7.6.1 所示。

220V 交流电压经电源变压器 T 降压、整流二极管 $VD_1 \sim VD_4$ 整流和稳压电路 IC_1 稳压后,在滤波电容器 C_1 两端产生 +12V(V_{cc})电压,作为时基集成电路 IC_2 的工作电压。

IC_2 的 2 脚为触发输入端,其触发电平为 $V_{cc}/3$,当该脚电压低于 $V_{cc}/3$ 时,IC_2 的 3 脚(输出端)变为高电平。IC_2 的 6 脚为阀值输入端,其阀值电平为 $2V_{cc}/3$,当该脚输入电压大于 $2V_{cc}/3$ 时,IC_2 的 3 脚变为低电平。该控制电路将 IC_2 的 2 脚与 6 脚连接在一起,与地之间并

联一只充电电容 C_2。接通电源后，V_{cc} 电压经电阻器 R_1 和电位器 R_P 向 C_2 充电，当 C_2 两端电压上升至 $2V_{cc}/3$ 时，IC_2 的 3 脚变为低电平，晶闸管 VT 截止，风扇电动机 M 停转。电动机 M 停转后，C_2 通过电位器 R_P 对 IC_2 的 7 脚放电，使 IC_2 的 2 脚电压下降，当该脚电压降至 $V_{cc}/3$ 时，IC_2 的 3 脚变为高电平，使晶闸管 VT 受触发而导通，风扇电动机 M 又通电运转。C_2 如此不断地充电和放电，使风扇电动机 M 时转时停，从而产生模拟自然风。

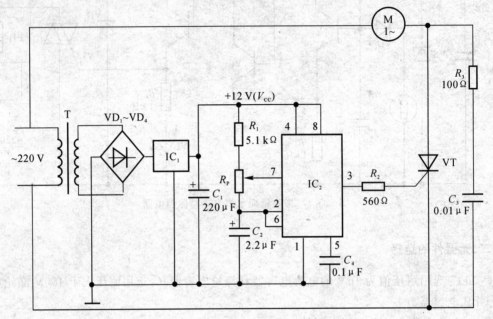

图 7.6.1　模拟自然风控制器电路（一）

二、元器件的选择

T 选用 5W，二次电压为 15V 的电源变压器。

$VD_1 \sim VD_4$ 选用 1N4007 硅整流二极管。

IC_1 选用 LM7812 三端集成稳压器；IC_2 选用 NE555 时基集成电路。

VT 选用 3A，400V 的晶闸管。

$R_1 \sim R_3$ 选用 1/4W 碳膜电阻器。

C_1，C_2 选用耐压值为 16V 的电解电容器；C_3，C_4 选用涤纶电容器或独石电容器。

R_P 选用小型碳膜式电位器。

7.7　模拟自然风控制器（二）

本例介绍的模拟自然风控制器，能对电风扇进行周波调速控制，使其产生模拟自然风。

一、工作原理

该控制电路由电源稳压电路、矩形波发生器和光耦合器件组成，如图 7.7.1 所示。

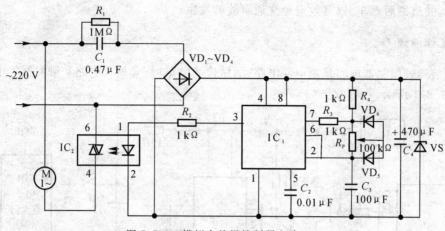

图 7.7.1　模拟自然风控制器电路(二)

电源稳压电路由降压电容器 C_1、泄放电阻器 R_1、整流二极管 $VD_1 \sim VD_4$、稳压二极管 VS_1 和滤波电容器 C_4 组成。

矩形波发生器由时基集成电路 IC_1 和有关外围元器件组成。

光耦合器件采用过零通断型耦合器 IC_2。

交流 220V 电压经 C_1 降压,$VD_1 \sim VD_4$ 整流,C_1 滤波和 VS 稳压后,产生直流 12V 电压,供给 IC_1。

IC_1 通电后,从其 3 脚输出矩形波脉冲信号。该矩形波信号为高电平期间,IC_2 内发光二极管导通,使 IC_2 内光控晶闸管在市电过零时导通,风扇电动机 M 通电,风扇运转送风;在 IC_1 的 3 脚输出低电平期间,IC_2 内部的发光二极管和光控晶闸管均截止,风扇电动机 M 断电,但由于惯性的存在,风扇不会立即停转,而只是转速变慢。约 20s,IC_1 的 3 脚又输出高电平时,风扇电动机 M 又会通电工作,风扇又快速旋转,如此周而复始,即会产生类似自然风的阵阵凉风。

调节电位器 R_P 的电阻值,通过改变 IC_1 输出矩形波的占空比,从而控制单位时间内送风的变化量。

二、元器件的选择

C_1 选用耐压值为 630V 的涤纶电容器或 CBB 电容器;C_3 和 C_4 选用耐压值为 25V 的电解电容器;C_2 选用涤纶电容器或独石电容器。

R_1 选用 1/2 W 碳膜电阻器;$R_2 \sim R_5$ 选用 1/4 W 或 1/8 W 碳膜电阻器。

R_P 选用小型实心电位器或密封式可变电阻器。

$VD_1 \sim VD_4$ 选用 1N5408 硅整流二极管;VD_5 和 VD_6 选用 1N4148 硅开关二极管;VS 选用 1W,12V 稳压二极管。

IC_1 选用 NE555 时基集成电路;IC_2 选用 MOC3061 光耦合器。

7.8　酒后驾驶限制器

本例介绍的酒后驾驶限制器,是在酒后驾驶的司机开车时,自动切断汽车发动机的供电电路,禁止驾驶员酒后驾车,以有效避免交通事故的发生。

一、工作原理

该酒后驾驶限制器电路是由电源电路、酒精检测电路、信号放大电路和触发器等电路组成的,如图 7.8.1 所示。

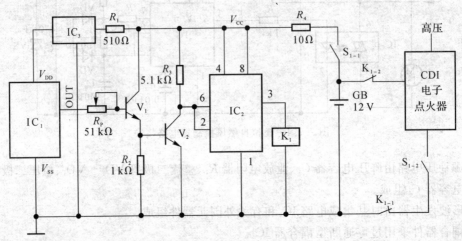

图 7.8.1　酒后驾车限制器电路

电源电路由限流电阻器 R_4,R_1 和三端集成稳压器 IC_3 组成。+12V 电压经 R_4 限流后,为触发器和信号放大电路提供工作电压;该电压还经 R_1 限流及 IC_3 稳压为+5V 电压,供给酒精检测电路。

酒精检测电路由酒精传感器 IC_1 和可变电阻器 R_P 组成。

信号放大电路由晶体管 V_1,V_2 和电阻器 R_2,R_3 组成。

触发器由时基集成电路 IC_2 构成。继电器 K_1 作为触发器控制的执行部件,其常闭触头 K_{1-1} 和 K_{1-2} 接在汽车的高压回路中。

当打开启动开关(即点火开关,包括 S_{1-1} 触头和 S_{1-2} 触头)时,该限制器电路的供电电源即接通。酒精传感器件 IC_1 在未检测到酒精气味时,其输出端无电压输出,晶体管 V_1,V_2 均处于截止状态,IC_2 的 2 脚和 6 脚均为高电平,3 脚输出低电平,继电器 K_1 不动作,对汽车的正常工作无影响。

饮酒的驾驶员进入驾驶室后,IC_1 感受到周围的气体酒精分子时,其输出端的电位将升高,使晶体管 V_1,V_2 相继导通,IC_2 的 2 脚、6 脚电压由高电平变为低电平,其内部的触发器翻转,使 IC_2 的第 3 脚变为高电平,继电器 K_1 动作,其常闭触头 K_{1-1} 和 K_{1-2} 断开,切断了汽车的高压回路,驾驶员无法启动汽车发动机,从而有效地限制了驾驶员的酒后驾驶行为。

二、元器件选择

IC_1 选择 CW900 酒敏传感器;IC_2 选用 NE555 时基集成电路;IC_3 选用 LM7805 三端集成稳压器。

$R_1 \sim R_3$ 选用 1/4 W 碳膜电阻器;R_4 选用 1/2 W 碳膜电阻器。

R_P 选用密封式可变电阻器。

V_1 选用 S9013 硅 NPN 型晶体管；V_2 选用 C8050 型硅 NPN 型晶体管。

K_1 选用 JRX13F 型 12V 直流继电器。

7.9　抢　答　器

本例介绍一款采用分立元件制作的八路抢答器电路，它具有线路简单、选材及制作容易等特点，是举办各类知识竞赛的理想工具。

一、工作原理

该抢答器电路由电源电路、触发控制电路、复位电路和音频发生器等组成，如图 7.9.1 所示。

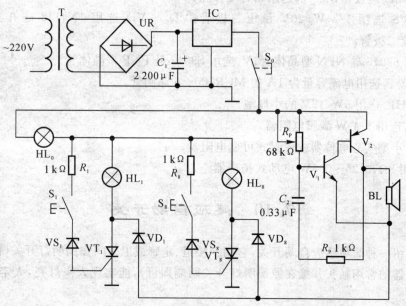

图 7.9.1　抢答器电路

电源电路由电源变压器 T、整流桥堆 UR、滤波电容器 C_1 和三端集成稳压器 IC_1 等组成。

触发控制电路由电阻器 $R_1 \sim R_8$、按钮 $S_1 \sim S_8$、稳压二极管 $VS_1 \sim VS_8$、隔离二极管 $VD_1 \sim VD_8$、晶闸管 $VT_1 \sim VT_8$ 和指示灯 $HL_1 \sim HL_8$ 等组成（图中仅画出第一路和第八路触发控制电路，第二路至第七路触发控制电路未画出）。

音频发生器由电阻器 R_9，电容器 C_2，电位器 R_P，晶体管 V_1，V_2 和扬声器 BL 组成。

指示灯 HL_0 起限流和分压作用，S_0 为复位按钮。

接通电源后，交流 220V 电压经 T 降压、UR 整流、C_1 滤波及稳压后，产生直流 24V 电压，供给各有关电路。此时，各指示灯均不亮，扬声器 BL 中无声。

当按动按钮 S_1 时，与其连接的稳压二极管 VS_1 将击穿导通，触发晶闸管 VT_1 导通，指示灯 HL_0 和指示灯 HL_1 发光，指示出抢答选手的所在组别为第一组。同时，因晶闸管 VT_1 导通后，其阳极电压降低，使隔离二极管 VD_1 导通，音频发生器电路工作，扬声器 BL 中发出警示声。若按动按钮 S_8 时，则 VS_8，VT_8，VD_8 导通，指示灯 HL_0 和 HL_8 被点亮，指示出抢答选手所在的组别为第八组。

$HL_1 \sim HL_8$中某只指示灯点亮后,电路即处于锁定状态,其他七路触发控制电路将无法再工作,此时即使再按动其他按钮,也无法使对应的稳态二极管和晶闸管导通。只有在主持人按动复位按钮S_0,使电路复位后,才能进行下一轮抢答。

二、元器件的选择

T 选用 20W、二次输出电压为 20V 的电源变压器。

UR 选用 2A,50V 整流桥堆。

IC 选用 LM7824 三端集成稳压器。

C_1选用耐压值为 50V 的电解电容器;C_2选用涤纶电容器或独石电容器。

S_0选用动断型按钮;$S_1 \sim S_8$选用动合型按钮。

$VS_1 \sim VS_8$选用 1/2 W、20V 稳压二极管;$VD_1 \sim VD_8$选用 1N4148 硅开关二极管或 1N4007 整流二极管。

V_1选用 S9013 硅 NPN 型晶体管;V_2选用 S9012 硅 PNP 型晶体管。

$VT_1 \sim VT_8$选用电流容量为 1A 的 MCR100-6 晶闸管。

$HL_0 \sim HL_8$选用 6W、12V 的小灯泡。

$R_1 \sim R_9$选用 1/4 W 碳膜电阻器。

R_P选用小型实心电位器或密封式可变电阻器。

BL 选用 8Ω,$0.25 \sim 0.5W$ 电动式扬声器。

7.10 感应自动开关

本例介绍一种简易感应自动开关,它用于楼道、走廊或卫生间作照明灯开关(使用时,将该开关中继电器的常用触头并接在原照明灯开关两端即可),能实现人来灯亮,人走灯灭的自动控制功能。

一、工作原理

该感应自动开关电路由感应电极片 A、结型场效应管 VF、音乐集成电路 IC、继电器 K_1 和控制晶体管 V 等组成,如图 7.10.1 所示。

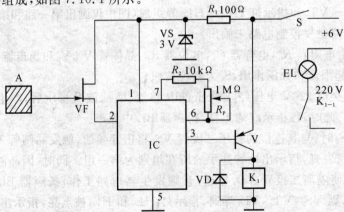

图 7.10.1 感应自动开关电路

在平时,IC 的 3 脚无音频信号输出,V 截止,继电器 K_1 不动作,照明灯不亮。当有人经过楼道、走廊或进入卫生间时,人体的感应信号经感应电极片 A(安装在楼道、走廊的入口处或卫生间的房门边)送入 VF 栅极,使其漏极与源极之间的电阻变大,在 IC 的 2 脚(触发端)产生触发脉冲,IC 受触发工作,从 3 脚输出的音频信号使 V 饱和并导通,继电器 K_1 吸合,其常开触头 K_{1-1} 接通,照明灯 EL 被点亮。

照明灯 EL 的点亮时间由 IC 内储存的音乐时间来决定。当一曲终了时,V 截止,K_1 释放,照明灯 EL 即熄灭。适当调节电位器 R_P 的阻值,可改变 IC 的奏乐时间,从而改变照明灯的点亮时间 。

二、元器件的选择

VF 选用 3DJ6 结型场效应管,要求其饱和漏极电流小于 1mA;V 选用 3AX 或 3AX81 锗 PNP 型低频小功率晶体管,要求其放大倍数大于或等于 100。

R_1 和 R_2 选用 1/4 W 碳膜电阻器。

R_P 选用小型实心电位器。

VS 选用 1/2 W,3V 稳压二极管;VD 选用 1N4001 或 1N4007 硅整流二极管。

IC 选用 KD9300 系列或 CW9300 系列音乐集成电路。

K_1 选用 6V 的灵敏型直流继电器。

A 可用金属片自制(其面积越大,电路的灵敏度越高)。

7.11　婴儿尿湿报警器

婴儿尿湿后,若不能及时发现并更换尿布,则会有害婴儿皮肤的健康。本例介绍一款婴儿尿湿报警器,能在婴儿尿湿后几分钟内发出"注意换尿布"的语言提示声,提醒妈妈为宝宝更换尿布。

一、工作原理

该婴儿尿湿报警器由湿敏传感器、延迟放大电路、语音报警电路和电源电路组成,如图 7.11.1 所示。

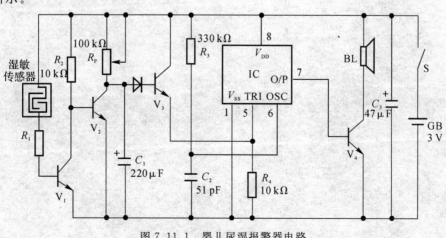

图 7.11.1　婴儿尿湿报警器电路

　　延迟放大电路由晶体管 $V_1 \sim V_3$、半导体二极管 VD、充电电容器 C_1、电位器 R_P 和有关外围器件组成。

　　语音报警电路由语音集成电路 IC、音频放大管 V_4、扬声器 BL 和外围阻容元件组成。

　　电源电路由电源开关 S、电源 GB 和滤波电容 C_3 组成。

　　接通电源开关 S 后，电源 GB 为整机各电路提供工作电压。

　　在婴儿未尿湿时，湿敏传感器两端的电阻值几乎为无穷大，晶体管 V_1 截止，V_2 导通，二极管 VD 和晶体管 V_3 均截止，语音集成电路 IC 因触发端（TRI）始终为低电平而不工作，扬声器 BL 不发声。

　　一旦婴儿尿湿，湿敏传感器两端因尿液导电而由高阻状态变为低阻状态，使 V_1 正偏导通，V_2 截止，电源电压经 R_P 对电容 C_1 充电，C_1 充电结束后（1～2min），VD 与 V_3 相继导通，V_3 发射极输出的高电平使 IC 受触发而工作，从 IC 的输出端（O/P）输出语音信号，该信号经 V_4 放大后，推动扬声器 BL 发出语音提示声。

　　调节 R_P 的电阻值，可改变婴儿尿湿后报警器动作的延迟时间，改变 R_3 的电阻值，同时可改变报警语音的声调。

二、元器件的选择

　　$R_1 \sim R_4$ 均选择 1/4 W 或 1/8 W 碳膜电阻器。

　　C_1 和 C_3 均选用耐压值为 6V 以上的电解电容器；C_2 选用高频瓷介电容器。

　　R_P 选用卧式微调电阻器或贴片式电位器。

　　湿敏传感器采用 20mm×20mm 的敷铜板刻制。

　　$V_1 \sim V_3$ 均选用 S9014 或 3DG6 硅 NPN 型晶体管；V_4 选用 S9013 或 C8050 硅 NPN 型晶体管。

　　VD 选用 1N4148 硅开关二极管。

　　BL 选用 8Ω，$0.25 \sim 0.5W$ 微型电动式扬声器。

　　IC 选用内部存储有"注意换尿布"语言信息的 CMOS 语音集成电路。

参 考 文 献

[1]　徐健，房晔. 电路与电子技术基础实验及应用[M]. 西安:西北工业大学出版社,2009.

[2]　房晔，徐健. 电工电子技术实验教程[M]. 西安:西北工业大学出版社,2009.

[3]　冯伯翰，周泽湘，邱志明. 电路电子实验实训指导书[M]. 北京:中国水利水电出版社,2012.

[4]　唐颖，李大军，李明明. 电路与模拟电子技术实验指导书[M]. 北京:北京大学出版社,2012.

[5]　程耕国. 电路实验指导书[M]. 武汉:武汉理工大学出版社,2011.

[6]　刘玉成. 电路原理实验指导书[M]. 北京:中国水利水电出版社,2008.